모바일
지도 서비스

여행 가이드북 〈지금, 시리즈〉에 수록된 관광 명소들이
구글맵 속으로 쏙 들어갔다.

http://map.nexusbook.com/now/menu.asp?no=1

**" 지금 QR 코드를 스캔하면
여행이 훨씬 더 가벼워진다."**

플래닝북스에서 제공하는 모바일 지도 서비스는
구글맵을 연동하여 서비스를 제공합니다.

※구글을 서비스하지 않는 중국 현지에서는 사용이 제한될 수 있습니다.

지도 서비스 사용 방법

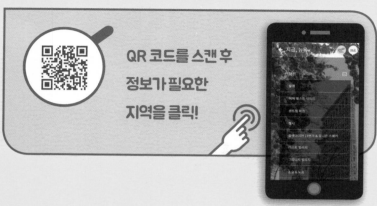

QR 코드를 스캔 후
정보가 필요한
지역을 클릭!

← 지금, 뉴욕

1 지역 목록 보기

관광명소 목록 보기 **2**

3 친구와 지도 공유하기

플랫아이언 23번가 & 유니온 스퀘어

지금, 뉴욕 - 플랫 아이언

4 지도 전체 화면

구글 지도앱 보기 **5** 구글 지도앱으로 연동하여
지도 서비스 이용하기

지금 시리즈 독자를 위한 특별한 혜택

와이파이 도시락 할인 혜택

★★★★★
10% 할인
★★★★★

+

추가 할인
※ 국가별 상이

1,000 원
2,000 원

※ 그 외 혜택

장거리 국가 1일 무료 (아시아 국가 제외)	충전기 변환 플러그 무료 제공	해외 무료 통화 120분 포인트 충정	장기 대여 추가 할인 적용

쿠폰을 출력하시거나 별도의 휴대전화 없이 바로 예약 가능한 QR코드를 보실 수 있습니다.
※ 쿠폰 지참시 1인 할인 (추가 할인 아시아권 1,000원 비아시아권 2,000원)

별도의 유효기간 없이 사용 가능 (1회 사용)

지금, 당장 떠나도 문제없어!
지금 시리즈

플랜북

지금 시리즈 구매 후 이것까지 챙기면 완벽 준비 끝!

쿠폰 사용 방법

| 지금 여행 도서 구매 | ▶ | 지금 독자 전용 할인 예약 페이지 접속(QR코드 이용) nexusbook.wifidosirak.com | ▶ | 여행 일정에 맞추어 와이파이 도시락 예약 | ▶ | 추가 할인혜택 적용 |

• 출발일 기준 최소 2일 전 예약을 권장 드립니다.
• 할인권은 타 할인쿠폰과 중복적용이 불가합니다.

• 본 할인권은 nexusbook.wifidosirak.com 페이지에서만 사용하실 수 있습니다.
• 할인권을 사용한 예약을 취소할 경우, 할인권은 재사용이 불가합니다.

〈지금 시리즈〉 독자에게
'여행 길잡이'에서 제공하는 해외 여행 필수품

해외 여행자 보험 할인 서비스

1,000원 할인

사용 기간 회원 가입일 기준 1년(최대 2인 적용)
사용 방법 여행길잡이 홈페이지에서 여행자 보험 예약 후 비고 사항에
〈지금 시리즈〉 가이드북 뒤표지에 있는 ISBN 번호를 기재해 주시기 바랍니다.

〈지금 시리즈〉 독자에게
시간제 수행 기사 서비스 '모시러'에서 제공하는

공항 픽업, 샌딩 서비스

2시간 이용권

유효 기간 2020. 12. 31 서비스 문의 예약 센터 1522-4556(운영 시간 10:00~19:00, 주말 및 공휴일 휴무)
이용 가능 지역 서울, 경기 출발 지역에 한해 가능

본 서비스 이용 시 예약 센터(1522-4556)를 통해 반드시 운행 전일에 예약해 주시기 바랍니다. / 본 쿠폰은 공항 픽업, 샌딩 이용 시에 가능합니다(편도 운행은 이용 불가). / 본 쿠폰은 1회 1매에 한하며 현금 교환 및 잔액 환불이 불가합니다. / 본 쿠폰은 판매의 목적으로 이용될 수 없으며 분실 혹은 훼손 시 재발행되지 않습니다. www.mosiler.com ※ 모시러 서비스 이용 시 본 쿠폰을 지참해 주세요.

지금, 뉴욕

지금, 뉴욕

지은이 엄새아
펴낸이 임상진
펴낸곳 (주)넥서스

초판 1쇄 발행 2019년 12월 6일
초판 2쇄 발행 2019년 12월 10일

출판신고 1992년 4월 3일 제311-2002-2호
10880 경기도 파주시 지목로 5(신촌동)
Tel (02)330-5500 Fax (02)330-5555

ISBN 979-11-6165-829-2 13980

www.nexusbook.com

25

Now
New York

엄새아 지음

플래닝
북스

처음 맨해튼 42번가와 41번가 사이에 섰을 때, 하늘 높은 줄 모르고 솟아 있는 고층 빌딩들이 주던 웅장함. 그리고 그 건물 사이로 걸어도 걸어도 끝이 보이지 않아서 '아, 이게 빌딩 숲이구나' '빌딩 숲의 개미가 됐구나' 생각했던 그 느낌을 잊을 수 없다.

지금은 수도로서의 지위는 내려놓았지만, 여전히 미국 최대의 도시이자 세계적인 대도시인 뉴욕은 어쩌면 이 지구에서 가장 화려하고 가장 거대한 '도시의 표본'과도 같다. 1,600만 명이 넘는 어마어마한 인구 속에는 세계 각지에서 모여든 다양한 인종과 민족들이 포함돼 있다. 때문에 뉴욕에서 먹히면 전 세계에서 먹힌다는 말도 있으며, 뉴욕은 명실공히 세계 문화와 상업, 무역의 중심지 역할을 하고 있다. 우리가 이렇게 '뉴욕'이라고 칭하는 곳은 뉴욕시티, NYC라고 부르는 뉴욕주의 일부며, 사실 뉴욕주 전체는 캐나다 국경과 맞닿아 있을 정도로 큰 규모를 자랑한다. 뉴욕주의 남동쪽 끝, 뉴욕시 안에 우리가 흔히 알고 있는 맨해튼, 브루클린, 스태튼 아일랜드, 퀸스, 브롱크스와 같은 다섯 개 구가 들어 있으며, 사람들은 주로 뉴욕시와 그 인근에 모여 살고 있다.

필자는 뉴욕에 머물던 당시 뉴욕시 외곽의 북쪽 마을에서 지냈었는데, 맨해튼에서 기차를 타고 1시간쯤 걸리는 곳이었다. 뉴욕이 얼마나 아름다운지는 뉴욕 바깥에 사는 사람들이 더 잘 안다고 했던가. 허드슨강을 따라 뉴욕시로 향할 때마다 마주하던 뉴욕의 모습은 언제나 눈부시게 아름다웠다. 이 정도면 바다가 아닐까 싶을 정도로 넓고 큰 허드슨강과 계절에 따라 색이 바뀌던 강 건너편 산림 공원. 할렘의 브

라운스톤 집들을 지나 고층 빌딩이 나오기 시작할 때의 설렘이 결국 필자를 다시 뉴욕으로 데려다 놓았고, 여행이 무엇인지 모르던 풋내기적 기억을 더듬어 가며 뉴욕의 구석구석을 다시 돌아다닐 수 있었다.

뉴욕은 봄, 여름, 가을, 겨울 어느 한 계절도 빠지는 것 없이 아름답고, 볼거리, 즐길거리, 먹거리가 많아 24시간이 부족하게 돌아간다. 잠들지 않는 도시인 만큼, 하루가 멀다 하고 새로운 매장이 들어서고, 돌아서면 새로운 핫 플레이스가 생겨 난다. 《지금, 뉴욕》은 최대한 신선한 정보를 담는 동시에 변화무쌍한 뉴욕에서도 오랫동안 자리를 지키고 있는 터줏대감 같은 곳들도 소개하고자 했다. 단 며칠의 여정이라 해도, 테이크아웃 커피 한 잔 손에 들고 뉴요커 느낌을 내 보고 싶은 여행자에게 후회 없는 단 한 권의 뉴욕 여행 가이드북이 되고 싶다.

덧. 필자는 여행 크리에이터 해피새아입니다. 생생한 뉴욕의 모습을 유튜브 해피새아 채널에서도 만날 수 있습니다. 유튜브 검색창에 '해피새아 뉴욕'을 검색하세요.

덧2. 달콤한 신혼 대신 뉴욕을 누비는 저를 기다려 준 남편 렉스, 사랑하는 엄마와 가족들, 뉴욕에 갈 때마다 도움 주신 타미스 유미님과 완교 대표님, 뉴욕관광청 지아님, 햇새투어에 함께해 준 구독자 친구들, 소중한 EF뉴욕 친구들, 뉴욕 특파원 윤성, 정태, 강혁님, 정말 정말 감사합니다.

엄새아

미리 떠나는 여행 **1부. 인포그래픽**

1부 인포그래픽은 뉴욕의 여행 정보, 다양한 지식을 시각적으로 표현해, 좀 더 빠르고 쉽게 습득해서 여행을 더욱 알차게 준비할 수 있도록 필요한 정보를 전달하고 있다.

01. Hello, 뉴욕에서는
한눈에 뉴욕의 기본 정보를 익힐 수 있도록 그림으로 정리했다. 언어, 시차 등 알면 여행에 도움이 될 간단 기본 정보들을 나열하고 있다.

02. 여기 어때?에서는
떠나기 전 뉴욕에 대한 기본 공부를 할 수 있는 순서라고 할 수 있다. 여행하기에 앞서 알아두면 여행이 더욱 재미있어지는 뉴욕의 역사, 휴일 및 날씨, 축제까지 읽을거리를 담고 있다.

03. 이것만은 꼭! 트래블 버킷리스트에서는
후회 없는 뉴욕 여행을 위한 핵심 타이틀을 선별해서 절대 놓치지 말고 경험하고 올 수 있는 다양한 버킷리스트를 제시하면서 보다 현명한 여행이 될 수 있도록 안내하고 있다.

알고 떠나는 여행 **2부. 인사이드**

1부에서 습득한 뉴욕의 기본적인 여행 정보를 품고 본격적으로 여행을 떠나서 돌아다니는 데에 최적화된 2부 인사이드다.

01. GO TO 뉴욕에서는 마지막으로 여행 전 체크해야 할 리스트, 즉 여권, 항공권, 숙소 예약 등 떠나기 전 미리 준비해 놓을 것들을 최종적으로 정리하고, 인천국제공항에서 뉴욕국제공항까지의 출입국 과정에서 주의해야 할 사항들까지 마지막 체크 포인트를 인지할 수 있도록 제시하고 있다.

02. Now 지역 여행에서는 뉴욕 여행의 시작을 알린다. 여행에 편의성을 주는 대중교통법부터 각 구역을 슬기롭게 여행할 수 있는 당일 베스트 코스, 그리고 최신 정보만으로 이뤄진 명소부터 식당, 쇼핑몰, 카페 등 핫 플레이스 여행에 꼭 필요한 사항들만으로 채웠다. 게다가 요즘 핫하다는 자치구까지 담아서 뉴욕 전역을 여행할 수 있는 다양한 기회를 제공하고 있다.

03. 테마별 Best Course에서는 뉴욕 여행 트렌드에 맞춰 테마별 코스를 제시하고 있다. 그리하여 나만의 여행 스타일에 맞춰 다양한 여행 코스를 조합하거나 활용해 가면서 여행을 좀 더 특별하고 재미있게 보낼 수 있게 다채로운 코스를 마련하고 있다.

지도 보기 각 지역의 주요 관광지와 맛집, 상점 등을 표시해 두었다. 또한 종이 지도의 한계를 넘어서, 디지털의 편리함을 이용하고자 하는 사람은 해당 지도 옆 QR코드를 활용해 보자. '지금도' 사이트로 연동되면서 다양한 정보를 모바일, PC를 통해 확인할 수 있다.

여행 회화 활용하기 그 도시에 여행을 한다면 그 지역의 언어를 해보는 것도 색다른 경험이다. 여행지에서 최소한 필요한 회화들을 모았다.

contents

INFOGRAPHIC
뉴욕

INSIDE
뉴욕

INFOGRAPHIC
뉴 욕

HELLO
NEW YORK

국명
미합중국(The United States of America)

언어
영어

수도
워싱턴 D.C.

인구 전체 – 약 3억 3천 만 명 중
약 2천 만 명

화폐
USD(달러), cent(센트, 동전)

전압 110V용 어댑터가 필요
110V / 60Hz

시차 서머타임 적용 시 13시간 느림
뉴욕 (GMT-5) 한국보다 14시간 느림

The Big Apple

Hudson River

Staten Island

New York

여 기   어 때 ?

미국의 수도와도 헷갈릴 정도
로 미국을 대표한다 해도 과언
이 아닌 뉴욕. 그 뉴욕의 시작은
언제부터며 뉴욕을 여행하기에
앞서 알면 쓸모 있는 기본적인
정보를 제공한다.

뉴욕
히스토리

뉴욕은 처음부터 뉴욕이 아니었다. 1524년 이탈리아의 G.베라차노가 처음 발견했을 당시에는 '누벨 앙굴렘'이라고 불렸다. 그로부터 50여 년 뒤인 1609년 H.허드슨이 소항에 성공했고, 1624년 네덜란드령인 '뉴암스테르담'으로 이름 지어졌다가, 1664년 영국에 의해 지금과 같은 '뉴요크'가 됐다. 이후 넓은 허드슨강과 버지 운하가 내륙 수로로서 큰 역할을 하며 대도시로 발전할 수 있었고, 1760년까지는 영국 본토와도 큰 문제가 없었

다. 그러나 1763년 영국의 국왕 선언에 의해 영국
군이 뉴욕에 상주하게 되고 인지 조례를 시행하는
등 과도한 징세를 실시하자, 반감이 커져 1774년
보스턴 차 사건이 발발한다. 이후 약 8년간의 독립
전쟁 끝에 1783년 뉴욕이 독립군에 탈환되고, 곧
미국은 완전한 독립국으로 인정받게 된다. 미국의
첫 번째 수도였던 뉴욕은 1792년 수도의 기능은
현재의 워싱턴 D.C.로 옮겨졌으나, 계속해서 교
통, 문화, 관광, 경제, 무역의 중심지 역할을 하며

꾸준히 시역을 확대해 왔다. 1898년 맨해튼, 브루
클린, 브롱크스, 퀸스, 스태튼 아일랜드 다섯 개 구
를 포함한 지금의 시역이 확정됐고, 지금은 시역
밖 위성도시를 포함해 약 2천만 명의 대인구가 사
는 거대 도시가 됐다. 잠들지 않는 도시, 빅애플이
라는 별명처럼 쉼 없이 새로운 것이 창조되며, 한
해 세계 각지에서 6~7천 만의 여행객이 방문하고
있다.

뉴욕
여행 포인트

미국 북동부에 위치한 뉴욕주는 사실 우리가 알고 있는 뉴욕보다 훨씬 넓다. 그 면적은 무려 141,205km²로 대한민국 면적의 약 1.4배에 달한다. 여행객이 주로 방문하는 지역은 뉴욕주 최남단에 있는 뉴욕시로, 뉴욕주와 구분해 'New York City'라고 부르기도 한다. 뉴욕시만 해도 서울 면적의 약 두 배 정도로, 갈 곳과 볼 것이 정말 많다. 뉴욕시에는 맨해튼, 브롱크스, 퀸스, 브루클린, 스태튼 아일랜드, 총 다섯 개의 자치구가 있으며 지하철과 버스, 페리 같은 대중교통으로 잘 연결돼 있다.

맨해튼

5개 자치구 중 면적은 가장 작지만, 뉴욕시의 중심이자 세계 경제, 상업, 문화의 중심지 역할을 톡톡히 하고 있다. 구역을 아주 명확히 구분할 수 있는 것은 아니지만, 가장 북쪽의 인우드부터, 할렘, 미드타운, 첼시, 그리니치 빌리지, 소호, 이스트 빌리지, 트라이베카, 최남단의 로어 맨해튼 등 약 20개 구역으로 나눌수 있다. 구역별로 개성 있는 매력과 볼거리가 있는 맨해튼은 자가나 택시보다는 24시간 운행하는 지하철을 타거나, 도보로 여행하는 것이 좋다.

브루클린

뉴욕 5개 자치구 중 인구 밀도가 가장 높은 곳이다. 지하철과 자동차를 타면 쉽게 갈 수 있으며, 로어맨해튼과 연결된 브루클린 브릿지를 통해 걸어서도 갈 수 있다. 아직 대부분의 지역에서 전형적인 브라운스톤 하우스와 가로수길을 볼 수 있으며, 많은 사람들에게 힙한 예술가들의 동네로 알려져 있다. 여행객들이 주로 방문하는 곳은 브루클린 하이츠, 윌리엄스버그, 파크 슬로프, 코니 아일랜드, 부시윅 5개 구역으로 나눌 수 있다.

스태튼 아일랜드

맨해튼의 스태튼 아일랜드 페리 터미널에서 배를 타거나, 브루클린에 연결된 베라자노 내로스 다리를 이용해 들어갈 수 있다. 특히 페리 위에서 자유의 여신상과 브루클린 브릿지, 맨해튼의 스카이라인을 볼 수 있어 많은 여행객이 잠깐이라도 방문하는 곳이다. 꽤 넓은 면적의 녹지대가 그린벨트로 보존돼 있어 도시보다는 한적한 느낌이 드는 거주 지역으로, 스태튼 아일랜드 철도 또는 버스를 타고 섬을 둘러볼 수 있다.

퀸스

미국에서 가장 다양한 민족이 사는 지역으로, 특히 플러싱에는 1900년대 미국으로 이주한 한인들이 모여 만들어진 뉴욕 최대 한인타운도 있다. 대다수의 여행객이 이용하는 JFK 국제공항과 라과디아 공항도 이곳에 있다. 맨해튼에서 지하철이나 버스로 쉽게 갈 수 있으나, 뉴욕에서 가장 넓은 면적을 가진 자치구로, 짧은 뉴욕 여행 일정 중 꼭 가고 싶은 곳만 골라 방문하는 것을 추천한다.

브롱크스

맨해튼의 할렘과 할렘강을 사이에 두고 있으며, 뉴욕 자치구 중 유일하게 섬이 아닌, 본토와 닿아 있는 지역이다. 70년대 힙합의 탄생지며, 뉴욕 양키스의 본고장이기도 하다. 동쪽의 강변 공원, 식물원이나 시티 아일랜드는 뉴욕 현지인들의 주말 나들이 장소로 사랑받지만, 지하철이 구석구석 연결돼 있지는 않아 버스를 이용하는 것이 더 편리하다.

뉴욕 **여행 날씨**

뉴욕은 한국과 마찬가지로 뚜렷한 사계절을 가지고 있다. 봄엔 센트럴 파크를 비롯해 여기저기에 꽃이 피며 벚꽃 축제를 하고, 여름엔 여름에만 문을 여는 거버너스 아일랜드, 코니 아일랜드 등을 찾을 수 있고, 가을엔 할로윈, 추수감사절 같은 이벤트가 있으며, 겨울엔 크리스마스, 신년을 맞이하려는 사람들이 많아 날씨가 여행에 큰 영향을 주지는 않는다. 한국의 사계절과 다른 건, 늦가을로 접어 들어갈 10월 무렵 잠깐 여름처럼 따스한 날씨가 이어지는 '인디안 서머'가 있다는 것. 이외에는 우리나라와 크게 다르지 않으니, 큰 고민 없이 짐을 챙길 수 있다.

Tip.
서머타임 Daylight Saving Time

뉴욕은 여름철 표준시보다 1시간 시계를 앞당기는 서머타임을 실시하고 있다. 매년 3월 두 번째 일요일에 시작돼 11월 첫 번째 일요일에 끝난다. 최근 서머타임 폐지 여부를 검토하기 위한 실태 조사를 했으나, 아직은 서머타임이 적용되고 있다. 3월부터 11월 사이 뉴욕을 찾는 여행자라면 서머타임 적용에 따라 한국과의 시차와 여행 일정을 고려하는 것이 좋다.

월	월평균 최고기온	월평균 최저기온	강우	일출	일몰
1월	4	-3	8일	7:18	16:55
2월	6	-2	7일	6:50	17:30
3월	11	2	8일	7:08	19:02
4월	18	7	8일	6:19	19:34
5월	22	12	9일	5:39	20:06
6월	27	18	8일	5:24	20:28
7월	29	20	8일	5:37	20:26
8월	29	20	7일	6:06	19:54
9월	25	16	7일	6:36	19:05
10월	18	10	6일	7:06	18:16
11월	13	6	7일	6:42	16:38
12월	7	0	8일	7:12	16:29

뉴욕
공휴일

뉴욕에는 공식적으로 총 10일의 공휴일이 있다(2020년 기준).

공휴일	공휴일 이름
1월 1일	신년
1월 셋째 주 월요일	마틴 루터킹 데이
2월 셋째 주 월요일	대통령의 날
5월 넷째 주 월요일	메모리얼 데이
7월 4일	독립 기념일
9월 첫째 주 월요일	노동절
10월 둘째 주 월요일	콜럼버스 데이
11월 11일	재향군인의 날
11월 넷째 주 목요일	추수 감사절
12월 25일	크리스마스

뉴욕
축제와 이벤트

음력 설 Lunar new year

요즘 뉴욕은 아시아권 출신이 아니더라도 음력 새해를 기념하고 있다. 설 당일 공립학교는 휴교하고, 각종 행사가 열린다. 특히 맨해튼의 차이나타운과 사라 D.루즈벨트 공원에서는 사자 탈춤 퍼포먼스와 중국 전통 의상을 입은 사람들의 퍼레이드, 폭죽 세리머니를 볼 수 있다.

기간 2월

세인트 패트릭 데이 St. Patrick's Day

이날만은 모두가 빅애플의 아이리시다! 아일랜드의 문화 및 종교 축제였으나, 1762년부터 뉴욕에서도 기념하고 있다. 매년 3월 17일(17일이 일요일이면 하루 전날인 16일), 오전 11시부터 오후 5시까지 맨해튼 5번가에서 백파이프를 포함한 전통 음악 밴드가 함께하는 초록색 퍼레이드가 진행된다.

기간 3월

부활절 퍼레이드 Easter Sunday

한국의 부활절은 기독교인들의 행사지만, 미국에서는 종교인이 아니더라도 함께 즐기는 축제로 여겨진다. 오전 10시부터 오후 4시까지 꽃, 계란, 토끼 등으로 화려하게 꾸민 모자와 축제 의상을 입은 사람들이 세인트 패트릭스 대성당 앞에 모여, 서로 "Happy easter"라고 인사를 주고 받는다.

기간 4월

머메이드 퍼레이드 Mermaid Parade

브루클린의 코니 아일랜드에서 열리는 퍼레이드로, 지역에 실제로 존재하는 머메이드(인어), 넵튠(Neptune, 해왕성) 거리 이름에 걸맞은 인어 코스튬을 하고 축제를 즐긴다. 1983년부터 열리고 있으며, 1년 전 홈페이지에 다음 해의 퍼레이드 날짜를 미리 예고한다. 오후 1시부터 5시까지 진행하며, 해변 공원에서 행렬을 마친다.

홈페이지 www.coneyisland.com/programs/mermaid-parade
기간 6월

뉴욕 프라이드 행진 NYC Pride march

1970년 6월 28일, LGBT(lesbian, gay, bisexual and transgendered) 성소수자의 권리를 주장하는 행진을 했던 스톤월 항쟁을 기념하기 위해 열리는 행진이다. 최근에는 수많은 기업들이 무지개색 콘셉트의 제품을 출시하거나 조형물을 세우는 등 프라이드 행진에 동참하고 있다.

기간 6월

할로윈 퍼레이드 Halloween Parade

매년 10월 31일 뉴욕은 호박과 귀신들로 뒤덮인다. 낮부터 "Trick or treat"을 외치는 꼬마들이 돌아다니고, 저녁에는 할로윈 퍼레이드가 열린다. 비단 할로윈데이뿐 아니라 10월 내내 집, 학교, 매장이 할로윈 콘셉트로 꾸며지며, 할로윈의 본고장으로 불리는 슬리피할로우와 태리타운에서는 할로윈데이 직전 일요일 밤에 미리 퍼레이드를 열기도 한다.

홈페이지 www.halloween-nyc.com
기간 10월

추수감사절 Thanksgiving day

공휴일인 11월 넷째 주 목요일, 오전 9시에서 11시 사이 백화점 메이시스가 주최하는 추수감사절 퍼레이드가 열린다. 1924년부터 이어져 온 행사는 센트럴 파크 옆길에서 시작해 메이시스 백화점에서 끝난다. 아이부터 어른까지 다 함께 즐길 수 있는 커다란 캐릭터 풍선들이 등장하는 것이 특징이다.

기간 11월

> **Tip.**
> **블랙프라이데이**
> 추수감사절 다음 날, 한 해 중 가장 큰 폭의 세일이 시작된다. 이 날부터 연말까지 세일 기간이 이어지며, 목요일 밤부터 금요일 밤까지 24시간 영업하는 매장도 많다.

뉴 이어 이브 New year's eve ball drop

12월 31일 타임스 스퀘어에서 열리는 연말 행사로, 밤 11시 59분에 타임스 스퀘어 빌딩에서 이브 볼이 굴러 내려오면 함께 카운트다운을 외치며 새해를 맞이한다. 곳곳에 설치된 비디오 스크린으로도 볼 수 있지만, 좋은 자리를 차지하기 위해 아침부터 자리를 잡는 사람도 많다. 화장실 찾기가 어렵고, 추운 날씨에 오래 대기해야 하기 때문에 미리 마음의 준비를 해야 한다.

기간 12월

> **Tip.**
> **밸런타인데이**
> 이날 타임스 스퀘어에서는 'Love in times square'라는 행사를 진행한다.

어머니날 Mother's day, 아버지날 Father's day

한국은 어버이날을 함께 챙기지만, 미국에서는 어머니날과 아버지날을 따로 기념한다. 붉은 카네이션을 어머니(아버지)께 선물하며, 돌아가신 경우 흰 카네이션을 무덤 앞에 올려놓는다. 각종 공원에서 브런치 행사나 주말 파티를 열고, 숍에서 할인 행사를 하는 등 곳곳에서 이날을 기념한다.

기간 5월 둘째 주 일요일(어머니날), 6월 셋째 주 일요일(아버지날)

독립기념일

이날은 미국 전역에서 독립을 기념하는 불꽃 축제가 열린다. 특히 맨해튼의 메이시스 불꽃 축제는 세계 최대 규모다. 또 뉴저지의 워터프론트에서도 불꽃 축제로 기념한다.

기간 7월 4일

크리스마스

뉴욕은 11월 말부터 크리스마스 분위기로 변한다. 브라이언 파크의 윈터 빌리지에는 크리스마스 마켓과 무료 아이스 링크가 열리며, 록펠러 센터 앞에는 대형 크리스마스 트리와 아이스 링크가 설치되는데, 5만 개에 달하는 크리스마스 트리 전구에 불이 켜지는 순간을 함께 카운트다운하는 점등식 행사를 진행하기도 한다.

기간 12월

레스토랑 위크

퀄리티 있는 레스토랑을 평소보다 저렴한 가격에 방문할 수 있는 기간이다. 2코스 런치(애피타이저+메인 또는 메인+디저트)를 $26에, 3코스 디너(애피타이저+메인+디저트)를 $42에 맛볼 수 있다. 1년에 두 번(보통 1~2월과 7~8월 중) 진행하며, 수백 개의 레스토랑이 특별 메뉴를 선보인다. 참가하는 식당을 미리 인터넷으로 예약해야 한다.

홈페이지 www.nycgo.com/restaurant-week

브로드웨이 위크

브로드웨이 뮤지컬을 할인받을 수 있는 기간이다. 1년에 두 번(보통 1~2월, 9~10월 중 2주간) 진행하며, 뮤지컬 티켓을 1장 가격에 2장 살 수 있는 2-for-1, 또는 프리미엄석 가격 할인 특혜를 받을 수 있다. 〈오페라의 유령〉, 〈위키드〉, 〈알라딘〉, 〈시카고〉와 같은 브로드웨이를 대표하는 뮤지컬들도 하니 이 기간에 뉴욕을 방문한다면 꼭 미리 예약하자.

홈페이지 www.nycgo.com/broadway-week

패션 위크

런던, 밀라노, 파리 패션 위크와 함께 세계 4대 패션 위크 중 하나다(1년에 두 번, 2월 F/W, 9월 S/S). 일주일 정도에 걸쳐 100여 개의 패션쇼와 행사가 열린다. 2015년부터 스프링 스튜디오Spring studios에서 개최되고 있으나, 몇몇 행사는 도심 곳곳에서 벌어진다.

주소 Spring studios. 6 st Johns Ln

New York
이 것 만 은 꼭 !
트래블 버킷리스트

뉴욕을 여행한다면 꼭 가 봐야 할 곳, 즐겨야 할 곳, 먹어야 할 곳이 있다. 그 베스트를 분야별로 묶어놨다.

**뉴욕 명소
베스트 5**

타임스 스퀘어
잠들지 않는 도시, 뉴욕의 한가운데에 있는 광장이다. 24시간 꺼지지 않는 옥외 광고 전광판 덕분에 밤이 낮보다 밝게 느껴질 정도다. 맨해튼의 중심 지역인 만큼 하루 종일 인산인해를 이룬다.

자유의 여신상
뉴욕의 대표적인 랜드마크로, 미국 독립 100주년을 기념하기 위해 만들어졌다. 맨해튼섬의 남쪽 리버티섬에 있으며, 페리를 타고 들어갈 수 있다.

센트럴 파크

뉴욕의 대도시 속 오아시스의 역할을 하고 있는, 세계적인 도시 공원이다. 연중무휴, 매일 오전 6시부터 새벽 1시까지 문을 연다. 넓은 호수와 들판뿐 아니라, 숲처럼 나무가 우거진 구역도 있고, 수영장이나 아이스 링크, 놀이공원으로 활용되는 구역도 있다.

더 하이 라인

한쪽에는 허드슨강, 한쪽에는 맨해튼을 끼고 산책할 수 있는 9m 높이의 철로 공원이다. 철거 위기의 고가 철도를 재활용해, 성공적인 도시 재생 사례로도 손꼽힌다. 한쪽 끝에서 반대쪽 끝까지 전체 구간을 걷는 데는 약 1시간 30분 정도 걸린다.

브루클린 브리지

뉴욕의 대표적인 포토 장소 중 하나로, 특히 석양이 질 때 빛을 발한다. 맨해튼과 브루클린을 잇고 있으며, 1층은 차도, 2층은 보행로로 나뉘어져 있어서 걷거나 자전거를 타고 다리를 건널 수 있다. 브루클린 브리지 아래쪽, 덤보에서 맨해튼 브리지를 배경으로 사진을 찍는 것도 필수 코스다.

뉴욕 뮤지엄 베스트 3

메트로폴리탄 미술관 Metropolitan Museum of Art

전 세계를 한번에 보고 싶다면, 오랜 시간 걸을 준비가 됐다면 이곳에 가 보자. 세계적으로 손꼽히는 박물관 중 하나로, 총 200만 점 이상의 유물들이 시대별, 지역별로 나누어 전시되고 있다. 규모가 정말 크기 때문에 지도를 보고 동선을 계획한 후 둘러보는 것을 추천한다. 티켓을 구매하면 연속 3일 동안 입장이 가능하며, 클로이스터스(분관)와 멧 브로이어(별관), 두 곳에서도 사용할 수 있다.

뉴욕 현대 미술관 The Museum of Modern Art

미술 교과서에서 보았던 작품들을 보고 싶다면, 이곳에 가 보자. 빈센트 반 고흐의 '별이 빛나는 밤', 파블로 피카소의 '아비뇽의 처녀들', 앤디 워홀의 '캠벨 수프 통조림' 등 유명한 근현대 작품들이 전시돼 있다. 전시뿐 아니라 건물 자체도 굉장히 아름다워 1층 야외 정원에 앉아 휴식하는 사람도 많다. 매주 금요일 오후 5시 30분부터 9시까지는 무료입장으로, 20~30분 전 미리 줄을 서는 것이 좋다.

미국 자연사 박물관
American Museum of Natural History

동물과 자연을 사랑한다면, 아이와 함께라면 이곳에 가 보자. 영화에도 등장했던 마치 살아 있는 것 같은 동식물 표본들로 유명하다. 생물학, 지질학, 천문학, 인류학 등 다양한 분야의 전시관이 있다. 로비에 전시된 공룡뼈만으로도 이목을 사로잡으며, 4층 공룡관, 1층 해양생물관, 지하 우주관이 가장 인기 있다.

엠파이어 스테이트 빌딩
Empire State Building

유서 깊은 랜드마크, 가장 높은 곳에서 뉴욕을 내려다보고 싶다면 이곳에 가 보자. 뉴욕의 역사 깊은 고층 빌딩으로, 1900년대에는 40년 넘게 세계에서 가장 높은 건물이기도 했다. 건물 꼭대기에는 때에 따라 다른 색으로 빛나는 조명이 설치돼 있으며, 전망대는 86층에 있다. 맨해튼 한가운데에 위치해서 도심을 가장 잘 내려다볼 수 있다. 360도를 둘러볼 수 있는 전망대에 유리창이 설치돼 있지 않아서 더 생동감을 느낄 수 있으며, 풍경 사진을 찍기에 좋다. 대신 바람이 심하게 부니 잠깐 헤어 스타일은 포기하자.

톱 오브 더 록 Top of the Rock

엠파이어 스테이트 빌딩이 함께 담긴 뷰를 보고 싶다면, 뉴욕 전망과 사진을 찍고 싶다면 이곳에 가 보자. 록펠러 센터에 있는 전망대로, 엠파이어 스테이트 빌딩과 맨해튼 도심을 동시에 볼 수 있다. 67~70층으로, 엠파이어 스테이트 빌딩보다 높이가 낮아 다른 건물들이 비교적 가깝게 보인다. 사전 예약은 필수며 온라인과 오프라인에서 가능하고, 예약 시 정한 시간에 맞춰 입장해야 한다.

세계 무역 센터 전망대
ONE WORLD OBSERVATORY

자유의 여신상이 보고 싶다면, 전망을 보며 식사나 커피 한잔을 즐기고 싶다면 이곳에 가 보자. 세계 무역 센터의 102층 전망대로, 다른 전망대들과 달리 로어 맨해튼에 위치한 것이 특징이다. 맨해튼 반대쪽으로 자유의 여신상, 브루클린 브리지와 뉴저지를 볼 수 있고, 날씨 좋은 낮에는 멀리 바다까지 볼 수 있다. 야경도 아름다운 곳이지만, 한쪽으로 강을 끼고 있어 밤보다는 낮에 방문하는 것을 추천한다.

뉴욕 음식
베스트 리스트

다양한 민족이 모여 사는 뉴욕에서 음식으로 인정받는다는 것은 세계 어디서든 인정받을 수 있다는 것을 뜻한다. 하루가 바쁘게 달라지는 뉴욕에서 오랫동안 살아남은 맛집이든 최신 트렌드를 반영해 새로 문을 연 레스토랑이든, 뉴욕에서의 식사는 대중의 입맛을 사로잡을 수 있어야 한다. 길을 걸으며 빠르게 먹을 수 있는 간단한 식사부터 맛과 분위기 모두 만족스러운 레스토랑까지, 뉴욕의 다양한 먹거리를 즐겨 보자.

베이글 Bagel

뉴요커의 대표적인 아침 식사 메뉴 중 하나다. 가운데가 뚫린 동그란 모양의 쫄깃한 빵으로, 크림치즈를 발라먹는 게 일반적이지만 뉴욕에서는 다양한 재료를 넣어 샌드위치로 만들어 먹는다. 주문할 때 원하는 토핑을 골라 자신만의 베이글 샌드위치를 만들어 보거나, 매장에 적힌 추천 메뉴를 선택할 수도 있다.

에싸 베이글 Ess-a-bagel(주소: 831 3rd Ave, Newyork)
에이치 앤 에이치 H & H Bagels(주소: 1551 2nd Ave, Newyrok)
머레이스 베이글 Murray's bagels(주소: 500 6th Ave, Newyork)

피자 Pizza

뉴욕에서 맛보는 피자는 일단 크기에 한 번 놀라게 된다. 얇고 쫄깃한 도우에 치즈와 토마토소스, 한두 가지의 토핑을 얹어 구워 내는 피자는 반으로 접어 가볍게 먹을 수 있다. 한 조각에 $1~2 내외의 피자도 쉽게 만날 수 있다. 만약 매콤한 맛을 원한다면 페페론치노 가루를 조금 뿌려 보자.

조스 피자 Joe's pizza(주소: 1435 Broadway, Newyork)
롬바르디 피자 Lombardi's Pizza(주소: 32 Spring st, Newyork)
줄리아나스 피자 Juliana's Pizza(주소: 19 Old Fulton st, Brooklyn)
그리말디스 피자리아 Grimaldi's Pizzeria(주소: 1 Front st, Brooklyn)

커피 Coffee

가볍게 테이크아웃 해서 근처 공원을 걷거나, 카페에 앉아 여행의 숨 고르기는 꼭 필요하다. 특히 커피를 좋아하는 사람들은 뉴욕에서 원두 쇼핑을 나서기도 한다. 동네 곳곳의 숨은 커피 맛집을 발견해 보는 재미가 있다.

스타벅스 리저브 로스터리 Starbucks Reserve Newyork Roastery (주소: 61 9th Ave, Newyork)
블루보틀 커피 Blue bottle coffee(주소: 54 W 40th st, Newyork)
스텀프 타운 커피 로스터리 Stumptown Coffee roasters(주소: 18 W 29th st, Newyork)
라 콜롬브 La Colombe coffee roasters(주소: 601 W 27th st, Newyork)

버거 Burger

뉴욕만큼 버거가 어울리는 도시가 있을까. 많은 여행객들이 '1일 1버거'를 하며 매일 새로운 버거 집을 찾아갈 정도로, 뉴욕에는 수많은 종류의 버거가 있다. 맥도날드, 버거킹, 웬디스 같은 프랜차이즈부터 뉴욕에만 있는 수제 버거 집까지 그 종류가 정말 다양한데, 요즘에는 식물성 단백질로 패티를 만드는 비건(채식주의) 식당도 많아지고 있다.

파이브 가이즈 Five guys(주소: 253 W 42nd st, Newyork)
쉐이크쉑 Shake Shack(주소: Madison Ave &, E 23rd st, Newyork)
버거 조인트 Burger joint(주소: 119 W 56th st, Newyork)
베어버거 Bareburger(주소: 366 W 46th st, Newyork)

스테이크 Steak

뉴욕 여행 중 한 번쯤은 꼭 방문하게 되는 스테이크하우스. 특히 뉴욕에서는 그 모양이 뉴욕주를 닮았다는 스트립 스테이크를 먹어 보아야 한다. 지방의 함량이 적당하고 씹는 맛이 좋은, 채끝살에 해당하는 부위를 사용한다. 좀 더 부드러운 필렛미뇽(안심)과 스트립(채끝살) 중 어떤 것을 선택할지 고민된다면 둘을 연결해 주는 부위인 티본 또는 포터 하우스 스테이크를 선택하면 된다.

피터 루거 스테이크하우스 Peter Luger Steakhouse(주소: 178 Broadway, brooklyn)
킨스 스테이크하우스 Keens Steakhouse(주소: 72 W 36th st, Newyork)
올프강 스테이크하우스 Wolfgang's Steakhouse(주소: 250 w 41st st, Newyork)
올드 홈스테드 스테이크하우스 Old Homestead Steakhouse(주소: 56 9th Ave, Newyork)

맥주 Beer

한때 뉴욕은 미국 최대의 홉Hop 산지였다. 게다가 미네랄 함량이 높은 물 덕분에 맛 좋은 크래프트 맥주를 만들기에 최적의 환경이다. 때문에 뉴욕 동부 해안가를 중심으로 수백 개의 맥주 제조장이 운영되고 있다. 리큐어 스토어나 마트에서도 다양한 수제 맥주를 맛볼 수 있지만, 직접 양조장에 방문해 테이스팅해 볼 수 있는 브루어리(양조장) 투어를 해보는 것도 좋다.

세라 바이 비레리아 Serra by Birreria(주소: 200 5th Ave, Newyork)
브루클린 브루어리 Brooklyn Brewery(주소: 79 N 11th st, Brooklyn)
싱글컷 비어스미스 Singlecut Beersmiths(주소: 19-33 37th st, Queens)
더 브롱스 브루어리 The Bronx Brewery(주소: 856 E 136th st, The Bronx)

뉴요커를 사로잡은
미쉐린 가이드 2020

매년 발간되는 레스토랑 정보 안내서, 《미쉐린 가이드》는 음식의 맛, 가격, 분위기, 서비스 수준에 따라 식당에 별을 부여해 등급을 매긴다. 가장 뛰어난 식당에는 별 3개가 주어진다. 미식가들의 성서라고 불리는 《미쉐린 가이드》가 선정한 고급 레스토랑에 방문해 보는 것도 여행의 묘미 중 하나일 것이다.

★★★
뉴욕의 3스타
이곳을 방문하기 위해 여행을 떠나도 아깝지 않은 식당

식당 이름	현지 발음	주소
Chef's Table at Brooklyn Fare	쉐프스 테이블 앳 브루클린 페어	431 W 37th St, New York
ELEVEN MADISON PARK	일레븐 매디슨 파크	11 Madison Ave, New York
Le Barnardin	르 버나딘	155 W 51st St, New York
MASA	마사	10 Columbus Cir, New York
Per Se	퍼세	10 Columbus Cir, New York

★★
뉴욕의 2스타
요리가 훌륭해 멀리서도 찾아갈 만한 식당

식당 이름	현지 발음	주소
AQUAVIT	아쿠아빗	65 E 55th St, New York
Aska	아스카	47 S 5th St, Brooklyn
atera	아테라	77 Worth St, New York
atomix	아토믹스	104 E 30th St, New York
BLANCA	블랑카	261 Moore St, Brooklyn
BLUE HILL	블루힐	630 Bedford Rd, Tarrytown
DANIEL	대니엘	60 E 65th St, New York
Gabriel Kreuther	가브리엘 크루터	41 W 42nd St, New York
UCHU	우추	217 Eldridge St, New York
Jean-Georges	장 조지	1 Central Park West, New York
JUNGSIK	정식	2 Harrison St, New York
L'ATELIER	르 아뜰리에	85 10th Ave, New York
The Modern	더 모던	9 W 53rd St, New York(MoMA)

식당 이름	현지 발음	주소
AGERN	에이건	89 E 42nd St, New York (Grand central terminal)
AI FIORI	아이 피오리	400 5th Ave #2, New York
ALDEA	알데아	31 W 17th St, New York
BÂTARD	바타드	239 W Broadway, New York
Benno	베노	7 E 27th St, New York
BLUE HILL	블루 힐	75 Washington Pl, New York
Bouley at home	불레이 앳 홈	31 W 21st St, New York
CARBONE	카본	181 Thompson St, New York
CASA ENRIQUE	카사 엔리크	5-48 49th Ave, Long Island City
Casa MONO	카사 모노	52 Irving Pl, New York
CAVIAR RUSSE	캐비어 루스	538 Madison Ave, New York
Claro	클라로	284 3rd Ave, Brooklyn
THE CLOCK TOWER	더 클락 타워	5 Madison Ave, New York
CONTRA	콘트라	138 Orchard St, New York
COTE	꽃	16 W 22nd St, New York
Crown Shy	크라운 샤이	70 Pine St, New York
Del posto	델 포스토	85 10th Ave, New York
Estela	에스텔라	47 E Houston St, New York
The finch	더 핀치	212 Greene Ave, Brooklyn
The Four Horsemen	더 포 홀스맨	295 Grand St, Brooklyn
Gotham bar and grill	고담 바 앤 그릴	12 E 12th St, New York
Gramercy Tavern	그래머시 태번	42 E 20th St, New York
Hirohisa	히로히사	73 Thompson St, New York
Jeju noodle bar	제주 누들 바	679 Greenwich St, New York
Jewel Bako	쥬얼 바코	239 E 5th St, New York
Kajitsu	카지츠	125 E 39th St, New York

식당 이름	현지 발음	주소
Kanoyama	카노야마	175 2nd Ave, New York
Kosaka	코사카	220 W 13th St, New York
L'appart	르 아파트	225 Liberty St, New York
Le coucou	르 코코	138 Lafayette St, New York
Le Jardinier	르 쟈드니에	610 Lexington Ave, New York
Marea	마레아	240 Central Park S, New York
Meadowsweet	메도우스위트	149 Broadway, Brooklyn
The musket room	더 머스켓 룸	265 Elizabeth St, New York
Nix	닉스	72 University Pl, New York
Noda	노다	6 W 28th St, New York
The NoMad Restaurant	더 노매드 레스토랑	1170 Broadway, New York
Odo	오도	17 W 20th St, New York
Okuda	오쿠다	458 W 17th St, New York
Oxalis	옥살리스	791 Washington Ave, Brooklyn
Oxomoco	옥소모코	128 Greenpoint Ave, Brooklyn
Peter Luger steakhouse	피터 루거 스테이크하우스	178 Broadway, Brooklyn
The river café	더 리버 카페	1 Water St, Brooklyn
Satsuki	사츠키	114 W 47th St, New York
Sushi amane	스시 아마네	245 E 44th St, New York
Sushi Ginza onodera	스시 긴자 오노데라	461 5th Ave, New York
Sushi Inoue	스시 이노우에	381A Malcolm X Blvd, New York
Sushi Nakazawa	스시 나카자와	23 Commerce St, New York
Sushi noz	스시 노즈	181 E 78th St, New York
Sushi Yasuda	스시 야수다	204 E 43rd St, New York
Tempura Matsui	덴뿌라 마쯔이	222 E 39th St, New York
Tuome	투오메	536 E 5th St, New York
Ukiyo	유키요	239 E 5th St, New York
Uncle boons	엉클 분스	7 Spring St, New York
Wallse	발제	344 W 11th St, New York
ZZ's clam bar	지지스 클램바	169 Thompson St, New York

Tip.
한국에는 없는 뉴욕의 팁 문화

일반적으로 전체 음식 가격의 15~20%를 팁으로 지불한다(최근에는 물가 상승에 따라 18~24%로 책정하기도 한다). 식당에서 직원을 고용할 때, 팁이 있는 식당은 팁이 없는 식당보다 직원의 임금을 약 20% 적게 주기 때문에, 뉴욕에서의 팁은 약간 의무적으로 지불해야 하는 것으로 생각할 수 있다.

팁이 있는 식당의 경우, 보통 레스토랑 입구에서 직원의 안내를 받아 테이블에 착석한다. 테이블에서 메뉴를 주문하고, 식사를 마치면 영수증을 가져다 달라고 해 자리에서 계산한다. 현금 결제 시, 세금을 제외한 총금액에서 비율을 계산해 팁을 포함한 금액을 함께 놓아 두면 된다. 카드 계산 시, 먼저 총 금액을 결제한 후 직원이 카드 영수증과 펜을 가져다준다. 영수증에는 팁, 총액, 서명 순서로 공란이 있다. 순서대로 지불할 액수를 적으면 팁이 포함된 총액이 알아서 빠져나간다.

편의를 위해 영수증 하단에 15~25%에 해당하는 금액이 계산돼 나오기도 한다(쉬운 계산을 위해, 영수증에 적힌 Tax[택스]에 2를 곱하면 약 18%의 금액이 나온다). 계산서에 Gratuity(팁) 항목이 포함돼 있다면, 이미 총액에 팁이 들어가 있는 것이니 추가로 지불해야 할 의무는 없다. 또, 직접 카운터에서 주문하고 셀프로 음식을 받는 곳(대표적으로 패스트 푸드점, 카페) 역시 팁을 주지 않아도 된다.

뉴욕 쇼핑
추천 리스트

화려한 5번가의 명품 매장부터 소호의 디자이너 숍과 편집 숍, 보물을 찾을 수 있는 빈티지 가게들 까지. 평소 쇼핑을 좋아하지 않던 사람도 지갑을 열게 하는, 뉴욕은 그야말로 쇼핑의 천국이다.

토리버치 TORY BURCH

단정하면서 데일리로도 무난한 가방과 신발류가 인기가 많다. 뉴욕의 아웃렛에서는 50% 이상의 큰 할인 폭이 적용되며, 클래식한 디자인도 많아 대표적인 뉴욕 쇼핑 리스트 중 하나다.

코치 COACH

뉴욕의 작은 가죽 공방에서 시작해 지금은 의류, 신발 등 다양한 아이템을 만들고 있다. 뉴욕의 아웃렛에서는 절반 이상 할인하는 경우가 많아 지갑이나 핸드백을 구입하기 좋다.

갭 GAP

아메리칸 캐주얼 스타일의 기본 아이템이 주를 이룬다. 한국의 50~60% 가격으로도 살 수 있으며, 갭 키즈 라인은 선물용으로 아주 좋다.

슈프림 Supreme

뉴욕의 대표적인 스트리트 브랜드로, 정해진 드롭 데이에만 신제품을 출시한다. 모든 제품이 한정판이며 컬래버레이션 제품은 특히 인기가 많다. 전세계 열두 개뿐인 공식 매장이 맨해튼과 브루클린에 각각 하나씩 있다.

나이키 Nike

뉴욕은 한정판 아이템이 최초로 판매되는 도시 중 하나다. 한국에서 웃돈을 얹어 사야 하는 것들을 정가에 살 수 있다. 소호의 편집 숍에서 한정판을 구해 보자.

빅토리아 시크릿 VICTORIA'S SECRET

미국 최대의 속옷 브랜드로, 보디 미스트나 향수도 인기가 있다. 매장에서 사이즈를 재고 시착도 해볼 수 있으며, 상시 세일도 많이 한다.

맥 MAC

다양한 컬러의 볼터치와 립스틱들은 언제나 해외 여행 쇼핑 리스트 중 톱에 들어간다. 특히 맨해튼 매장에는 국내에 없는 색상도 많으며, 가격 역시 한국의 40% 정도 저렴하다.

에스티로더 ESTÉE LAUDER

일명 '갈색병'이라 불리는 기초 제품으로, 파운데이션류가 유명하다. 뉴욕에서는 한국보다 10~20% 정도 저렴하게 구매할 수 있다.

사봉 Sabon

보디용품계의 명품이라 불린다. 이스라엘 사해의 소금으로 만든 보디스크럽 제품이 인기 있다. 한국에 아직 매장이 없고, 패키지가 예뻐 선물용으로도 좋다.

사라베스 Sarabeth's

뉴욕의 유명 레스토랑 사라베스의 잼은 과일 본연의 맛이 느껴지는 홈메이드 스타일로 인기가 좋다. 레스토랑을 방문해 살 수 있고, 마트에서도 구할 수 있다.

포르토 리코 임포팅 Porto Rico Importing

그리니치 빌리지에서 100년 넘게 운영 중인 커피 원두 판매점이다. 뉴욕 현지인들에게도 인기가 좋으며, 수십 가지의 신선한 원두를 저울에 달아 구매할 수 있다.

팻 위치 | Fat witch

첼시 마켓에 있는 베이커리로, 다양한 컬러와 맛의 브라우니를 살 수 있다. 브라우니 믹스도 팔고 있으며, 패키지와 로고가 귀여워 선물용으로 좋다 (브라우니 개당 $2.99).

스타벅스 Starbucks

스타벅스 컵이나 텀블러를 모으는 사람들에겐 이만한 기념품이 없다. 특히 스타벅스 리저브 로스터리 매장에서는 한국에 없는 수많은 아이템을 만날 수 있다.

레고 LEGO

뉴욕의 랜드마크인 자유의 여신상 기념품을 찾고 싶다면, 레고 스토어에 들러 보자. 뉴욕 한정판, 레고로 만들어진 자석과 고무 재질의 수화물 네임택을 만날 수 있다(자석 $5.99, 네임택 $7.99).

Tip.
뉴욕의 세금은?

뉴욕은 여행객 면세가 없다. 게다가 뉴욕시의 소비세는 무려 8.875%나 된다. 다만 조리되지 않은 식재료, 약, 신문, 잡지, 시력 보호용 안경 같은 생필품에는 소비세가 붙지 않으며, $110 미만의 옷과 신발에도 세금이 포함되지 않는다. 그러나 $110 미만이라 해도 쥬얼리, 시계, 핸드백, 반려동물이나 인형 옷, 스포츠용품에는 소비세가 적용된다. 하지만 블랙프라이데이에는 70~80% 세일도 일반적이며, 평상시에도 정가의 반 이하로 세일하는 상품들을 쉽게 찾을 수 있기 때문에 소비세를 감안하더라도 괜찮은 쇼핑 기회가 많다.

사이즈 조건표

여성	의류	한국	44/XS	55/S	66/M	77/L	88/XL
		미국	2	4	6	8	10
	신발	한국	220	230	240	250	260
		미국	5	6	7	8	9
남성	의류	한국	85/XS	90/S	95/M	100/L	105/XL
		미국	14	15	16	17	18
	신발	한국	250	260	270	280	290
		미국	7	8	9	10	11

버그도프 굿맨 Bergdorf goodman

센트럴 파크 앞 5번가에 있으며, 하이엔드 럭셔리 브랜드들이 입점해 있는 고급 백화점이다.

주소 745 5th Ave, Newyork **시간** 10:00~ 18:00 **휴무** 일요일 **홈페이지** bergdorfgood man.com **전화** 212-872-8957

바니스 뉴욕 Barneys newyork

트렌디한 럭셔리를 지향하며 고급 브랜드와 함께 신진 디자이너를 꾸준히 소개하는 백화점이다.

주소 660 Madison Ave, Newyork **시간** 10:00 ~20:00(월, 화, 수), 10:00~20:30(목, 금, 토), 11:00~19:00(일) **홈페이지** barneys.com **전화** 212-826-8900

삭스 피프스 애비뉴 Saks fifth avenue

록펠러 센터 옆 5번가에 있어 들르기 편하며, 자체 브랜드도 가지고 있는 백화점이다.

주소 611 5th Ave, Newyork **시간** 10:00~ 20:30/ 11:00~19:00(일) **홈페이지** saksfif thavenue.com **전화** 212-753-4000

블루밍데일즈 Bloomingdale's

미국을 대표하는 역사가 깊은 백화점 중 하나로, 백화점과 아웃렛 매장이 따로 있다.

주소 1000 Third Ave 59th St and, Lexington Ave, Newyork **시간** 10:00~20:30/ 11:00~ 19:00(일) **홈페이지** bloomingdales.com **전화** 212-705-2000

메이시스 Macy's

세상에서 가장 큰 백화점으로 불리며, 할인 행사가 잦아 저렴하게 쇼핑할 수 있다.

주소 151 W 34th, Newyork **시간** 10:00~22:00/ 10:00~21:00(일) **홈페이지** l.macys.com **전화** 212-695-4400

노드스트롬 랙 Nordstrom Rack

고급 백화점의 상설 할인 매장 느낌으로, 고급 브랜드도 저렴한 가격에 구매할 수 있다.

주소 60 E 14th st, Newyork **시간** 10:00~22:00/ 11:00~20:00(일) **홈페이지** nordstromrack.com **전화** 212-220-2080

디자이너 슈 웨어하우스
DSW, Designer shoe warehouse

이름처럼 신발류를 모아 놓은 곳으로, 다양한 브랜드를 대부분 큰 폭으로 할인하고 있다.

주소 213 W 34th st, Newyork **시간** 9:00~22:00/ 10:00~20:00(일) **홈페이지** dsw.com **전화** 212-967-9703

센츄리 21 Century 21

도심형 아웃렛으로, 잘 고르면 저렴한 가격에 보물을 찾을 수 있다.

주소 21 Dey st, Newyork **시간** 7:45~21:00/ 7:45~21:30(목, 금)/ 10:00~21:00(토)/ 11:00~20:00(일) **홈페이지** c21stroes.com **전화** 212-227-9092

우드버리 아웃렛 Woodbury common premium outlets

뉴욕시에서 조금 벗어난 업스테이트 뉴욕에 있으며, 맨해튼에서 차로 한 시간 정도 걸린다. 우버, 택시를 타거나 포트 오소리티 터미널에서 버스를 타면 갈 수 있다(왕복 $42, 그루폰에서 왕복 $27에 예약 가능). 상품의 할인 폭은 50% 정도로 큰 편이며, 발렌시아가, 디올, 구찌, 프라다 등 명품에서부터 라코스테, 띠어리, 폴로, 토리버치 등 중고가에 이르기까지 240여 개의 브랜드들이 넓은 부지에 퍼져 있어 미리 동선을 짜는 것이 좋다. 푸드 코트 건물에는 쉐이크쉑을 포함, 여러 음식점이 입점해 있다. 홈페이지에서 회원 가입을 하고 웰컴 센터로 가면 VIP 쿠폰북을 받을 수 있다.

주소 498 Red Apple Ct, Central Valley **위치** 미드타운 포트 오소리티 버스 터미널(Port Authority Bus terminal)에서 우드버리 커먼(Woodbury Common)행 버스로 약 1시간 30분 **시간** 9:00~21:00 **홈페이지** premiumoutlets.com/outlet/woodbury-common **전화** 845-928-4000

저지 가든스 아웃렛 The mills at Jersey gardens

뉴욕이 아닌 뉴저지에 있으나 맨해튼에서 1시간 내외로 갈 수 있고, 포트 오소리티Port Authority 터미널에서 버스를 타면 왕복 $14에 다녀올 수 있기 때문에 많이 찾는 곳이다. 또 뉴저지에서는 뉴욕과 달리 의류에 세금이 붙지 않고, 소비세가 비교적 저렴하기 때문에(2019년 기준 6.625%) 뉴저지에서 쇼핑하기도 한다. 명품 브랜드보다는 대중적인 브랜드가 주를 이루며, 팩토리 스토어도 많이 입점해 있어 가격이 더 저렴하고 세일 폭도 큰 편이다. 큰 건물 안에 입점된 몰 형태여서 날씨와 상관없이 쇼핑을 즐길 수 있다. 다만 일요일에는 비교적 이른 저녁 7시에 문을 닫으니 쇼핑을 서둘러야 한다.

주소 651 Kapkowski Rd, Elizabeth **위치** 미드타운 포트 오소리티 버스 터미널(Port Authority Bus terminal)에서 111, 115번 버스로 약 30분 **시간** 10:00~21:00/11:00~19:00(일) **홈페이지** simon. com/mall/the-mills-at-jersey-gardens **전화** 908-354-5900

INSIDE

뉴   욕

GO TO
뉴   욕

전 세계인이 꼭 한 번은 가고 싶어
하는 매력 도시 뉴욕. 그 빌딩 숲
을 상상하며 떠나기 전 꼼꼼하게
여행 준비를 하고, 도착해서 시내
까지 이동하는 모든 경로를 시뮬
레이션할 수 있을 정도로 세세하
게 체크리스트를 담았다.

여행 전
체크리스트

여권 확인 및 만들기

여권의 유효 기간을 확인하자. 유효 기간이 최소 6개월 이상 남아 있지 않으면 입국을 거절당할 수도 있다. 재발급은 신규 여권 발급과 동일한 수순을 거친다. 또, 여권 사증란이 부족한 경우에도 입국이 거절될 수 있다. 여권의 유효 기간이 넉넉한데 페이지가 부족할 때는 1회에 한해 사증을 추가할 수 있다.

여권을 만들 때는 신분증, 여권용 증명사진 1매, 여권 발급 수수료를 지참해 가까운 구청이나 시청 여권과에서 신청하면 된다. 각 여권과에 여권 발급 신청서가 비치돼 있으며, 외교통상부 홈페이지에서 양식을 내려받을 수도 있다. 여권 발급까지는 3~7일 정도 소요되니 여행 전 여유롭게 준비하는 것이 좋다.

• 외교통상부 여권 안내 www.passport.go.kr

전자 여행 허가ESTA

90일 이내의 단기 여행자에 대한 미국 정부의 비자 면제 프로그램으로, 2008년부터 한국인은 별도의 미국 비자 없이 입국할 수 있게 됐다. 다만 전자여권을 소지하고, 미국 정부가 지정한 인터넷 사이트 'ESTA'에 접속해 전자 여행 허가를 받아야 한다. 홈페이지 신청 화면에서 이름, 국적, 여권번호, 체류지 정보 등 필수 정보와 선택 항목 등을 입력하면 되고, 모든 답변은 영어로 작성해야 한다. 한국어 선택도 가능하니 신청이 어렵지 않다. 출발일 기준 최소 72시간 이전에 승인을 받아야 하며, 신청 후 승인까지 2~3일이 소요되고 더러 미승인 되는 경우도 있기 때문에 최소 2주 전에는 신청하는 것이 좋다. 한 번 여행 허가를 받으면 승인일로부터 2년 동안은 유효하며, 유효 기간 중 여권을 재발급받거나 여권 정보가 변경되면 새로 허가를 받아야 한다.

※ 90일 이상 체류할 예정이거나 유학, 비즈니스 등의 목적으로 입국한다면 해당 목적의 비자를 따로 발급받아야 한다.

• 홈페이지 esta.cbp.dhs.gov/esta
• 발급 수수료 $14

항공권 구매하기

인천에서 뉴욕으로 가는 항공은 직항편과 경유편이 있으며, 직항은 약 14시간, 경유는 환승 시간을 포함해 18~25시간 정도 소요된다. 일반적으로 경유편이 직항편보다 저렴하며, 요즘은 중국을 경유하는 항공편이 많아져 보다 저렴하게 이용할 수 있다. 보통 이코노미석을 기준으로 60~150만 원 대에 항공권을 얻을 수 있으며, 출발일, 구입 시기와 프로모션, 마일리지 적립률, 공동운항 등에 따라 가격이 조금씩 달라진다.

숙소 예약하기

뉴욕은 숙박비가 비싸기로 유명한 도시다. 저렴한 게스트 하우스나 민박을 이용해도 1박에 4~8만 원대, 호텔은 20만 원대에서 시작해 100만 원을 훌쩍 넘는 곳도 많다. 대신 현지인의 라이프 스타일도 느낄 수 있는 에어비앤비가 활성화돼 있어 의외로 좋은 곳을 발견하게 될 수도 있다. 괜찮은 숙소는 6개월~1년 전부터 예약이 꽉 차는 편이며, 여행 일정이 다가올수록 가격이 더 비싸지기 때문에 미리 예약하는 것이 좋다.

• 에어비앤비(첫 이용 할인) bit.ly/2m6VUuV

식비 예산 짜기

뉴욕에서는 메뉴판에 쓰인 가격 이외에 세금과 팁을 항상 추가로 생각해야 한다. 식사 비용이 올라갈수록 세금과 팁도 올라간다. 보통 레스토랑에서의 한 끼 비용은 2~4만 원이며, 한두 번쯤 고급 레스토랑이나 스테이크하우스를 찾을 계획이라면 10~20만 원을 생각하는 게 좋다. 하지만 $1 피자, 핫도그 집도 곳곳에 있어 하루에 10만 원 정도로 잡으면 넉넉하게 쓸 수 있다.

교통비 준비하기

여행 기간과 숙소 위치에 따라 달라지겠지만, 본문의 '테마별 Best Course'를 참고해 동선을 짠다면 불필요한 지출을 줄일 수 있다. 미리 지하철이나 버스 탑승 횟수를 생각해 메트로 카드를 충전하거나 7일권, 30일권 등을 이용하는 것을 추천한다. 뉴욕 근교로 이동하는 경우 빨리 예약할수록 비용이 저렴하다. 최소 $1에 이용할 수 있는 메가버스도 있으니 미리 준비하자.

입장료 구매하기

관광 명소나 박물관 입장료는 1~3만 원 사이로, 다른 여행지에 비해 조금 비싼 편이다. 하지만 여행자 패스로 묶어 할인을 받거나, 무료입장 또는 기부 입장이 가능한 곳도 많다. 또 대부분 현장 구매보다는 온라인 예약 시 할인을 받을 수 있고, 각종 공연이나 스포츠 경기들은 빨리 예약할수록 좋은 자리를 저렴하게 얻을 수 있다.

환전하기

달러USD로 환전하며, $100로 전부 바꾸는 것보다는 $50, $20, $10 지폐를 섞어서 받는 것이 좋다. 여행 전 미리 환율을 체크해 가장 유리할 때 환전하는 것도 도움이 된다. 시중 은행에서 환전할 때는 거래 실적에 따라 20~40% 정도 환전 수수료를 아낄 수 있어 주거래 은행을 찾는 것이 좋다. 서울역 환전 센터는 우대율이 80~90%로 시중 은행보다 높으며, 환전 애플리케이션을 활용하거나 온라인 이벤트를 활용하는 것도 도움이 된다. 요즘은 대부분의 매장에서 카드 결제가 가능하기 때문에, 모든 경비를 환전해 가져가기보다는 외국에서 결제가 가능한 카드도 함께 챙겨 가는 것이 좋다.

여행자 보험 가입하기

여행 중 항공편 지연 또는 결항, 소지품 도난, 분실, 상해, 질병 등을 보장해 주는 여행자 보험은 의무는 아니지만, 의료 치료비가 높은 미국 여행 시에는 가입하는 것이 좋다. 보험사나 인터넷을 통해 가입할 수 있으며, 출발 이전에 가입해야 보장을 받을 수 있다. 각 상품마다 보장 금액과 보험료가 달라 여러 여행자 보험을 비교해 보는 것이 좋다. 기존에 가입한 실비 보험이나 일부 건강 보험은 해외여행을 하는 동안에도 보장되기 때문에, 보험 가입 시 동일한 항목에 이중 가입하지 않도록 불필요한 항목을 체크하면 낭비를 줄일 수 있다.

휴대 전화 로밍 vs 심카드 vs 포켓 와이파이

로밍 해외에서도 휴대 전화를 국내에서처럼 사용하고 싶다면 로밍 서비스에 가입해야 한다. 사용 일자별로 요금이 부과되는 상품, 일주일 동안 일정 용량만큼의 데이터를 사용할 수 있는 상품 등 통신사마다 서비스 내용이 다르니 각 통신사 웹사이트를 참고하자.

심카드 일주일 이상 체류할 예정이라면 미국 현지 통신사의 심카드를 구매하는 것이 낫다. 뉴욕에서는 Tmobile과 AT&T를 가장 많이 사용하며, 현지 통신 판매점이나 공항, 빅애플패스와 함께 타미스에서 구매할 수 있다. 한국에서 미리 온라인으로 구매해 수령해 가기도 한다.

포켓 와이파이 여러 명이 함께 여행하는 경우에는 와이파이에그를 빌리는 것도 좋다. 하나의 기계에 여러 명이 동시에 접속할 수 있어 개별적으로 로밍을 신청하거나 심카드를 구매하는 것보다 저렴할 수 있다.

• 와이파이도시락(10% 할인) bit.ly/2k5SibH

비상 연락처

대한민국 국민은 해외에 있더라도 사건, 사고 또는 긴급 상황 시 대한민국 영사관으로부터 도움을 받을 수 있다. 긴급 상황 시 통역, 해외 송금, 여권 재발급 등의 업무를 맡아 주고 있으니 대사관, 영사관에 방문하거나 영사 콜센터를 이용하면 된다.

주 뉴욕 대한민국 총영사관 Consulate General of the Republic of Korea
- 주소 460 Park Ave 9th Fl, Newyork, 10022
- 위치 지하철 N, R, W호선 Lexington Ave & 59 St역 SE corner 출구에서 도보 5분
- 시간 9:00~16:00(평일)
- 홈페이지 overseas.mofa.go.kr/us-newyork-ko/index.do
- 전화 +1-646-674-6000

영사 콜센터(해외 무료 연결 번호)
휴대 전화 이용 시 현지 통신 사정에 따라 연결이 어려울 수 있으므로, 현지 일반전화 또는 공중전화를 이용하는 것을 권장하고 있다.
- 011-800-2100-0404
- 011-800-2100-1304
- 1-866-236-5670
- 1-800-288-7358
- 1-800-822-8256

여권 분실

여행 중 여권을 잃어버린 경우 영사관에서 여행자 증명서를 발급받거나 여권을 재발급받을 수 있다. 여권 상습 분실자(5년 이내 3회 또는 1년 이내 2회 분실한 경우)는 여권 발급까지 2개월 정도 소요되므로, 여권은 잃어버리지 않도록 잘 보관해 두자. 또 미리 여권 복사본 1~2장을 따로 챙겨 두고, 여권용 증명사진도 1~2장 챙겨 두면 좋다.

출입국 전
체크리스트

인천국제공항 출국 수속

출국 당일, 해당 항공사의 공항 카운터에서 탑승 수속을 해야 한다. 항공사별로 인천국제공항에서 사용하는 터미널이 다르니, 1터미널인지 2터미널인지 잘 체크하자. 대부분의 항공사는 출발 1시간 전에 수속을 마감하며, 이후에는 당일 취소로 처리되니 늦지 않도록 주의하자. 탑승 수속 시 위탁 수화물을 보내기 때문에, 액체류나 보조배터리, 라이터 등은 수화물 규정에 따라 미리 분류해 챙겨야 한다. 창가나 복도 좌석 등 선호하는 좌석이 있다면 체크인 시 좌석을 지정할 수 있다. 탑승 수속을 마치면 출국장에서 출국 심사를 하면 된다. 주말이나 연휴에는 출국장에 여행객이 많이 몰리니, 출발 2~3시간 전에는 공항에 도착하는 것이 좋다.

비행기 탑승

출국 심사를 마치면 면세 구역으로 나가게 된다. 면세점 쇼핑을 하거나, 인터넷 또는 시내 면세점에서 구매한 물품을 인도장에서 수령할 수 있다. 탑승 시간이 되면 항공권에 적혀 있는 게이트에서 비행기에 탑승한다. 보통 비행기 출발 20~30분 전에 탑승을 시작하며, 5~10분 전에는 탑승이 마감된다. 인천-뉴욕 항공편은 장거리 노선으로, 기내식과 간식을 포함한 기내 서비스가 제공된다.

뉴욕 존에프케네디공항 입국

비행기에서 내리면 Baggage control(수화물 관리) 또는 U.S. Customs and Border Protection(미국 관세 국경 보호청) 표지판을 따라 이동하면 입국 신고장에 도착하게 된다. 미국 시민권자, 캐나다 사람, 방문자로 줄이 나누어지며, Visitors & Visa Holders(관광객 & 비자 소유자), ESTA(전자 여행 허가) 라인에 줄을 서면 된다. 줄은 한 번 더, 미국을 처음 방문한 사람과 첫 방문이 아닌 사람으로 나뉘며, 자동화기기를 통해 수속을 하게 된다.

입국 심사

뉴욕 공항의 입국 심사는 까다로운 편이다. 물론 대부분의 여행객은 문제없이 통과할 수 있지만, 심사관이 여행객을 돌려보낼 수 있는 권한을 가지고 있어 주의가 필요하다. 보통 여행 기간, 여행 목적, 머무는 장소 등을 물어보는 편이며, 돌아가는 항공편과 숙소 예약 서류를 미리 준비해 보여 주는 것도 좋다. 간혹 여행 경비를 얼마나 가지고 있는지, 한국에서의 직업은 무엇인지 자세히 질문하기도 한다. 가장 중요한 것은 뉴욕에서 근로 또는 사업 계획이 있는가에 대한 질문으로, 현재 미국은 외국인의 무허가 체류나 노동에 굉장히 엄격하기 때문에 각별히 주의하자. 입국 심사 통과 후에는 이용한 항공편의 수화물이 나오는 컨베이어 벨트로 이동해 수화물을 찾고 나가면 된다.

시내 이동

우리나라에서 출발하는 항공사는 대부분 존에프케네디JFK 국제공항으로 간다. JFK 국제공항은 뉴욕의 동쪽 끝, 퀸스에 자리하고 있어 공항에서 뉴욕 도심까지 이동하는 것으로 뉴욕 여행이 시작된다.

지하철 공항에서 에어트레인을 타고 하워드비치-JFK역으로 이동해 메트로 A호선을 타거나, 자메이카역으로 이동해 지하철 E, J, Z호선을 탈 수 있다. 미드타운까지 약 1시간 소요되며, 에어트레인 편도 $7.25, 지하철 1회 $2.5다.

기 차 공항에서 에어트레인을 타고 자메이카역으로 이동한 뒤 롱아일랜드 철도를 이용하면 펜실베이니아역Penn Station까지 빠르게 갈 수 있다. 미드타운까지 약 40분 소요되며, 에어트레인 편도 $7.25, 롱아일랜드 철도LIRR 편도 $13.75~다.

버 스 11시부터 19시까지 30분마다 운행하는 뉴욕시티 익스프레스 버스를 이용하는 것도 좋다. JFK 1, 4, 7, 8 터미널의 빨간 표지판 앞에서 탑승할 수 있으며, 그랜드 센트럴역, 브라이언 파크, 타임스 스퀘어를 지난다. 미드타운까지 약 40분 소요되며, 편도 $19, 예약(Nycairporter.com)도 가능하다.

택 시 3~4인이 함께 여행한다면 대중교통보다 택시를 이용하는 것이 더 낫다. 출발 전 예약하면 항공편 도착 시간에 맞춰 공항에서 대기해 주는 한인 택시들도 많아 편리하게 이용할 수 있다. 대부분 지역에 따라 정해진 요금으로 운행하고 있어 탑승 전 가격을 합의해야 한다. 미드타운까지 30~50분 소요되며, 거리에 따라 팁 포함 약 $55~70다.

우 버 택시 회사가 아닌 개인 드라이버를 연결해 주는 플랫폼으로, 팁을 지불할 의무가 없어 택시보다 가격이 저렴한 편이다. 또 1~2인의 경우 다른 승객과 동승하는 카풀Car Pool로 더 저렴하게 이용할 수 있다. 회원 가입 시 등록한 카드로 자동 결제되는 시스템이며, 한국에서 미리 애플리케이션을 설치해 오는 것이 좋다. 미드타운까지 30~50분 소요되며, 거리와 시간에 따라 약 $30~60다.

유용한 애플리케이션 & 웹사이트

해피새아 유튜브 채널(저자) youtube.com/happysaea
생생한 뉴욕의 모습들을 영상으로 느낄 수 있어 도움이 된다.

미국 여행 디자인 네이버 카페 cafe.naver.com/nyctourdesign
미국 여행 후기와 정보를 얻을 수 있다.

우버이츠Ubereats, 심리스Seamless 음식 배달 애플리케이션
이젠 뉴욕에서도 배달 음식이 가능하다. 평균 배달비는 $2~3 정도다.

뉴욕 메트로 노선도 애플리케이션 Newyork Subway
노선도에서 역을 선택하면 실시간 운행 정보를 확인할 수 있다. '경로 짜기' 기
능을 통해 빠른 동선을 검색하는 것도 가능하다.

버스 동선 체크 애플리케이션 NYC Bus tracker
지역별 버스의 운행 구간 및 실시간 위치를 볼 수 있다. 버스가 어디까지 운행되
는지 잘 모르는 여행객도 직관적으로 확인할 수 있으며, 버스 정류장을 선택하
면 몇 분 뒤 버스가 도착하는지도 표시된다.

공용 자전거 애플리케이션 Citi Bike
뉴욕 전역에 비치된 공용 자전거를 대여할 수 있다. 1회권, 1일권, 3일권 등 선
택에 따라 다양하게 이용할 수 있으며, 단 회당 사용 시간이 30분으로 제한돼
있어 다시 대여하더라도 30분 이내에 꼭 반납을 해야 한다.

뉴욕 기차 애플리케이션 MTA etix
롱아일랜드 철도와 메트로-노스 철도 티켓을 구매할 수 있다. 1회권의 경우에
는 현장에서 구매해도 무방하지만, 일주일권이나 10회권은 애플리케이션에
보관하는 것이 훨씬 용이하다.

레스토랑 정보와 후기 애플리케이션 Yelp
전 세계적으로 많은 사람들이 사용하고 있으며 사진을 포함한 리뷰들을 볼 수
있어 여행지에서 나름 검증된 맛집을 찾을 수 있도록 도와준다.

레시Resy, 오픈테이블Opentable 뉴욕 레스토랑 예약 플랫폼
위치 기반으로 현재 또는 곧 이용 가능한 레스토랑을 추천해 주며, 앱 내에서 예약도 바로 진행할 수 있다.

캐비아Caviar 프리미엄 음식 배달 애플리케이션
다른 배달 애플리케이션에는 등록돼 있지 않은 평점이 좋은 레스토랑이 입점해 있다. 배달료와 서비스료가 동시에 붙어 약 $7~8 정도 추가 요금이 발생한다.

브로드웨이 뮤지컬 할인 티켓 현황 애플리케이션 TKTS
TKTS 부스에서는 당일과 다음 날 낮 공연을 최대 50% 할인가로 구매할 수 있는데, 매번 공연과 할인율이 다르기 때문에 애플리케이션을 통해 실시간 상황을 확인하고 부스를 방문하는 것이 편하다. 보고 싶던 공연 티켓이 싸게 나왔다면 당장 근처의 TKTS 부스로 달려가자.

뉴욕 현대 미술관 애플리케이션 MoMA audio
층별 안내와 함께 무료 오디오 가이드가 들어 있다. 한국어로도 작품 설명을 들을 수 있어 유용하다. 이외에도 메트로폴리탄 뮤지엄 애플리케이션 'The MET', 미국 자연사 박물관 애플리케이션 'AMNH NYC' 등 각종 뮤지엄의 애플리케이션을 잘 활용하면 전시를 보다 더 편하게 관람할 수 있다.

모바일 지도 애플리케이션 Google map
길 찾기를 할 수 있어 유용하며, 각종 장소의 영업시간, 전화번호 같은 정보나 후기도 표기된다. 뉴욕의 지하철이나 사람이 많은 도심 한복판에서는 데이터가 잘 터지지 않으니 오프라인 지도를 다운로드 받아 두자.

뉴욕 관광청 공식 가이드 홈페이지 nycgo.com
각종 이벤트 소식부터 맛집, 관광 명소, 숙소, 여행 팁들이 아주 많이 담겨 있다.

센트럴 파크 홈페이지 centralparknyc.org
센트럴 파크에서 열리는 행사들을 안내하고 있으며, 지도와 오디오 가이드도 구비돼 있다. 무료 또는 소정의 참가비를 내고 진행하는 투어도 예약할 수 있다.

Manhattan

맨해튼

뉴욕의 핵심 명소 집합소

뉴욕시의 중심, 맨해튼은 뉴욕 여행에서도 가장 중심이 된다. 마천루를 볼 수 있는 미드타운, 서쪽의 허드슨강변, 북쪽의 할렘과 남쪽에 있는 자유의 여신상까지 맨해튼만 잘 둘러보아도 뉴욕의 랜드마크 대부분을 돌아볼 수 있다.

뉴욕의 교통법

뉴욕은 차 없이 여행하기 좋은 곳이다. 24시간 운행하는 지하철과 버스가 촘촘히 연결돼 있고, 주요 관광지를 지나는 시티 투어 버스도 여러 종류가 있다. 뉴욕을 상징하는 노란 택시를 타거나, 우버와 리프트 같은 카 셰어링 서비스를 이용하는 것도 어렵지 않다. 맨해튼 도심은 항상 교통 체증이 심하고, 주차료가 매우 비싸기 때문에 대중교통을 이용하는 것이 더 좋다.

지하철

뉴욕 지하철노선

100년의 역사를 가진 뉴욕 지하철은 현재 총 24개의 노선이 뉴욕시를 긴밀하게 연결하며 지나가고 있다. 러시아워에는 2~3분 간격으로, 늦은 밤에는 20~30분 간격으로 24시간 동안 운행한다. 맨해튼에만 150여 개, 뉴욕시 전역에 거의 500개에 달하는 역이 있기 때문에 지하철은 가장 편리한 대중교통수단이다. 지하철을 탈 때 내가 가야 할 방향을 찾는 것은 쉽다. 목적지가 현재있는 곳을 기준으로 북쪽일 때는 업타운Uptown 방향, 남쪽일 때는 다운타운Downtown 방향 지하철을 타면 된다.

출구도 보통 거리 숫자와 NW(북서), NE(북동), SW(남서), SE(남동) 등으로 표시돼 있기 때문에 목적지의 위치에 맞춰 나가면 된다. 환승 시에는 개찰구를 통과하지 않고 환승해야 할 호선을 향해 표지판을 따라가면 된다.

메트로카드

메트로카드는 뉴욕의 지하철과 버스에서 이용할 수 있는 대중교통 통합 티켓이다. 지하철역의 유인 매표소나 자동 발매기에서 현금이나 신용카드로 구입할 수 있다. 크게 1회권, 정액권, 정기권으로 나누는데, 일주일 사이 12회 이상 탑승하는 경우에는 7일 정기권을 구매하는 것이 이득이다.

· **1회권**Single ride **요금 $3**
버스나 지하철을 한 번 탈 수 있는 티켓. 발매 후 두 시간 이내에만 유효하다. 버스–지하철 환승 불가. 재사용 불가.

· **정액권**Pay-per-ride **요금 $2.75**
충전한 금액만큼 사용할 수 있는 메트로카드. 카드 한 장으로 여러 명이 사용할 수 있다. 시내버스–지하철 환승 가능. 첫 구매 시 카드 수수료 $1 추가. 금액 소진 후 충전해 재사용 가능.

· **정기권**Unlimited Ride **요금 $33(7일), $127(30일)**
첫 사용으로부터 정해진 기간 동안 사용할 수 있는 메트로카드. 한 번 사용하면 같은 곳에서는 18분이 지나야 쓸 수 있다. 시내버스–지하철 환승 가능. 첫 구매 시 카드 수수료 $1 추가. 금액 소진 후 충전해 재사용 가능.

· **메트로카드 구입 방법**

지하철역 무인 발매기 또는 창구에서 구매할 수 있다. 카드와 현금 모두 가능하며, 카드 계산이 불가한 기계도 더러 있다. 현금 계산 시 $100 지폐는 투입되지 않으니 소액권을 준비하도록 하자. 은행 ATM 기계처럼 구매법은 어렵지 않으며, 작동 시 언어 선택 화면에서 한국어를 선택할 수 있는 기계도 꽤 많

이 있는 편이다. 유동 인구가 많은 역에는 보통 발매기 옆에 메트로카드 리더기도 비치돼 있는데, 여기에 카드를 스와이프swipe하면 화면에 잔액이 표시된다.

· **메트로 카드 사용 방법**

개찰구에서 메트로카드를 리더기에 천천히 통과시키면 된다. 카드의 방향을 확인하고, 너무 느리거나 빠르지 않도록 자연스럽게 스와이프하자. 최근 우리나라처럼 바코드 형태로 찍고 지나가는 개찰구가 만들어지고 있으나, 아직은 스와이프식 개찰구가 보편적이다. 버스의 경우 메트로카드를 화살표 방향으로 넣었다가 꺼내면 된다. 하차 시 따로 체크할 필요 없이 그냥 철문 또는 회전문을 밀고 나오면 된다.

패스PATH

뉴욕 여행을 할 때, 맨해튼과 가깝지만 숙박 비용은 비교적 저렴한 뉴저지에 숙소를 잡는 경우가 많다. 이때 뉴욕과 뉴저지를 연결하는 패스선을 이용해야 한다. 대표적인 환승역은 미드타운의 펜스테이션과 로어 맨해튼의 오큘러스 센터가 있다. 1회 요

금은 뉴욕 지하철과 동일한 $2.75. 메트로카드로도 사용할 수 있지만, 10회 이상 탑승 예정이라면 스마트링크(10~40회권, 1일권, 7일권, 30일권) 카드를 사는 것이 더 좋다.

기차

뉴욕의 기차는 크게 퀸스를 포함한 롱아일랜드 지역으로 뻗어 나가는 롱아일랜드 철도, 맨해튼에서 뉴욕 북부 지역과 코네티컷을 연결하는 지하철-노스 철도로 나뉜다. 역의 자동 발매기 또는 애플리케이션 'MTA eTix'를 통해 티켓을 구입할 수 있다. 피크 타임과 오프 피크 타임의 금액이 다르며, 1회, 2회, 10회권, 일주일권, 한 달권으로 나뉜다.

버스

뉴욕 버스 노선

뉴욕의 시내버스는 지하철이 닿지 않는 구간까지 촘촘히 연결돼 있다. 특히 브롱스, 퀸스, 브루클린, 스태튼 아일랜드를 여행할 때는 버스 이용이 불가피한 경우도 있다. 버스 역시 메트로카드를 이용해 탑승할 수 있으며, $2.75를 현금 (동전)으로 낼 수도 있다. 앞문으로 타고 뒷문으로 내리며, 내릴 때는 버스가 완전히 멈춘 후 뒷문의 노란색 벨트를 누르면서 밀면 문이 열린다.

카 셰어링

휴대 전화 애플리케이션을 통해 근처에 있는 드라이버와 동행할 수 있다. 택시보다 훨씬 저렴하고, 탑승 전 확정된 요금이 탑승을 마치면 신용카드로 자동 결제돼 이용이 편리하다. 보통 뉴욕에서 매칭되는 드라이버는 전업 드라이버로, 택시와 같다고 볼 수 있다. 대표적인 애플리케이션으로 우버uber와 리프트lyft가 있다.

자전거

뉴욕을 달리는 가장 쿨한 방법은 시티바이크, 뉴욕시의 공유 자전거 서비스를 이용하는 것이다. 맨해튼에서 시작해 브루클린, 퀸스, 뉴저지 등으로 범위가 확대돼 가고 있으며, 1회권은 $3, 1일권은 $12, 3일권은 $24다. 단, 한 번 사용 시 30분까지만 사용 가능하고, 초과 시 15분당 $4의 추가 요금이 발생한다. 애플리케이션 'Citibike'를 이용해 자전거 거치소의 위치를 확인할 수 있고, 대여 및 반납도 가능하다.

택시

뉴욕의 상징, 옐로우 캡. 지붕 위의 TAXI 표시등이 켜져 있는 택시가 지나갈 때, 손을 살짝 들어 탑승할 수 있다. 기본요금은 $2.5, 1마일마다 $2 추가되며, 다리나 터널 등 유료 시설을 지날 때는 요금에 통행료가 추가된다. 저녁 8시부터 아침 6시까지는 심야 할증, 평일 오후 4시부터 저녁 8시까지 러시아워 할증이 있다. 현금 또는 신용카드로 결제할 수 있으며, 총 요금의 15~30% 정도의 팁을 추가로 지불해야 한다.

페리

규모가 커서 종종 잊게 되지만, 뉴욕시를 이루고 있는 맨해튼, 브루클린, 퀸스, 스태튼 아일랜드는 모두 섬이다. 때문에 한국에서는 익숙하지 않은 페리도 뉴욕의 좋은 대중교통 수단 중 하나다. 특히 스태튼 아일랜드로 떠나는 주황색 페리는 1997년부터 지금까지 쭉 무료로 운행되는 출퇴근 페리이기도 하다. 'NYC Ferry' 애플리케이션을 통해 표를 구입하고, 페리 루트와 스케줄을 확인할 수 있으며, 요금은 1회에 $2.75로 지하철이나 버스와 동일하다. 맨해튼 11번 부두에서 브루클린 레디훅의 이케아로 향하는 뉴욕 수상 택시는 주중에는 $5지만 주말에는 무료로 운행한다. 날씨가 좋은 날은 페리 위에서 바라보는 풍경까지 덤으로 얻을 수 있다.

할 렘
Harlem

할렘은 미국의 역사만큼 오래된 동네다. 맨해튼 북부, 어퍼 맨해튼에 있어 짧은 일정의 여행객들은 방문하기를 주저할 수도 있지만, 재즈와 블랙가스펠로 대표되는 할렘 특유의 문화를 경험할 수 있어 할렘을 찾는 사람이 늘어나고 있다. 1900년대 수많은 거장을 탄생시켰고 지금도 멋진 무대가 계속되는 아폴로 극장을 중심으로, 19세기 후반

Best Course

아비시니안 침례교회

도보 15분

⬇

아폴로 극장

도보 1분

⬇

할렘 대로(식사)

지하철 또는 버스 20분

⬇

세인트 존 더 디바인 대성당

도보 5분

⬇

컬럼비아 대학교

도보 4분

⬇

모닝사이드 공원

에 지어진 갈색 벽돌의 집들과 성당들, 라이브 공연을 하는 재즈 클럽과 뮤직 카페를 찾아볼 수 있다. 길 곳곳의 컬러풀한 벽화, 프라이드치킨과 와플이 함께 나오는 독특한 조합의 소울푸드도 할렘에서 놓칠 수 없는 매력이다. 컬럼비아대학교, 세인트 존 더 디바인 대성당이 있는 모닝사이드 하이츠가 멀지 않아함께 둘러볼 수 있다.

Payson Playground

Dyckman Street Subway Station Ⓜ

클로이스터스
The met cloisters 🏛

트라이언 퍼블릭 하우스
Tryon Public House 🍴

포트 트라이언 공원
Fort Tryon park 📷

할렘

St Nicholas Ave

135 Street Ⓜ

아비시니안 침례교회
The Abyssinian baptist church 📷

아이홉
Ihop 🍴

숌버그 흑인 자료 도서관 🏛
Schomburg center for research in Black culture
Ⓜ 135 St

Lenox Ave

Amsterdam Ave

Broadway

St Nicholas Ave

W 127th St
W 126th St

125 Street Ⓜ

레드 랍스터 🍴 아폴로 극장
red lobster   Apollo theater 📷

실비아 🍴
Sylvia's   레드 루스터
          Red rooster 🍴

125 St Ⓜ

할렘 셰이크 🍴
Harlem Shake

컬럼비아 대학교 📷
Columbia university

모닝사이드 공원 📷
Morningside park

Frederick Douglass Blvd

파리 블루스 ⓨ
Paris Blues

Adam Clayton Powell Jr Blvd

Harlem-12

Marcus Garvey Park 🌲

세인트 존 더 디바인 대성당 📷
The cathedral church of St.John the Divine

Ⓜ 116 St

멜바 🍴
Melba's

W 116th St

Cathedral Pkwy

Ⓜ 116th Street Station

Lenox Ave

Madison Ave

Amsterdam Ave

Columbus Ave

Manhattan Ave

Central Park N

5th Ave

Park Ave

110 Street Station - Central Park North Ⓜ

116 Street Station Ⓜ

Lexington Ave

할렘 미어 📷
aHarlem Meer

Ⓜ 103 St Station

허들스톤 아치 📷
Huddlestone Arch

Ⓜ 110 St

할렘의 소울, 매년 100만 명의 관람객이 찾는 극장
아폴로 극장 Apollo Theater [아폴로 띠어러]

주소 253 W 125th, Newyork **위치** ①지하철 A, B, C, D호선 125th Street역에서 도보 4분 ②지하철 2, 3호선 125 Street역에서 도보 6분 **홈페이지** www.apollotheater.org **전화** 212-531-5300

할렘 지역을 대표하는 곳 중 하나다. 노란색과 빨간색의 눈에 띄는 간판, 무엇보다 125번가 할렘 메인 거리의 중심에 위치해 있어서 대부분의 할렘 여행객이 들르게 된다. 1913년에 지어진 이래 100년이 넘는 시간 동안 팝의 황제 마이클 잭슨, 재즈의 여왕 엘라 피츠제럴드, 소울의 대부 제임스 브라운 등 수많은 레전드 아티스트들을 배출해 낸 곳이기도 하다. 바로 '아폴로 극장 아마추어 나이트 경연 대회' 덕분인데, 지미 헨드릭스, 스티비 원더, 어셔 레이몬드와 같은 팝스타들 역시 이 대회 출신이다. 지금까지도 매주 수요일 오후 7시 30분 신인을 위한 등용 무대가 이어지고 있으며, 미래의 레전드를 볼 수 있다는 기대감에 많은 사람들이 직접 공연장을 찾는다.

랍스터와 스테이크를 동시에 맛볼 수 있는 곳
레드 랍스터 RED LOBSTER [레드 랍스터]

주소 261 W 125th St, Newyork **위치** 아폴로 극장 바로 옆 **시간** 11:00~22:00/ 11:00~23:00(금, 토) **가격** $38.49(록 랍스터 앤 스테이크), $26.49(시그니처 크리미 랍스터 알프레도) **홈페이지** redlobster.com **전화** 212-280-1930

뉴욕 전역에 10여 개의 매장이 있는 캐주얼한 해산물 레스토랑이다. 약 170g 필레미뇽 또는 약 340g 스트립 스테이크와 랍스터가 함께 나오는 록 랍스터 앤 스테이크 메뉴와 마늘과 토마토가 가미된 크림 파스타인 시그니처 랍스터 알프레도 메뉴가 가장 인기 있다. 샐러드, 파스타, 타코, 튀김 등 다양한 메뉴가 있으며, 런치 1인에 $20, 디너 1인에 $30 정도로 랍스터 치고 합리적인 가격에 식사를 즐길 수 있다.

아프리카 출신의 아티스트를 위한 현대 미술관
할렘 스튜디오 뮤지엄 The Studio Museum in Harlem [더 스튜디오 뮤지엄 인 할렘]

주소 144 W 125th st, Newyork **위치** ①지하철 A, B, C, D호선 125th Street역에서 도보 5분 ②지하철 1호선 125 Street역에서 도보 7분 **시간** 12:00~18:00(목~일) **요금** 무료 **홈페이지** www.studiomuseum.org **전화** 212-864-4500

아프리카계 미국인 작가의 전시를 볼 수 있는 곳이다. 1968년 개관 이후 아프리카 출신의 현대 미술가들을 위한 최고의 미술관 역할을 해왔다. 아직 한국인 여행객들에게는 많이 알려지지 않았지만, 뉴욕의 여타 미술관 못지 않은 퀄리티에 규모 또한 작지 않다. 아쉽게도 2021년까지 재건축 확장 공사로 인해 휴관이다. 독특한 소재나 컬러감의 작품들을 볼 수 있어 재개관 후 할렘의 대표적인 방문지가 될 곳이다. 지금은 Studio Museum 127(429 W 127th st)을 임시로 사용하고 있다.

 200년 넘게 이 자리를 지키고 있는 예배당
아비시니안 침례교회 Abyssinian Baptist Church [아비시니언 뱁티스트 처치]

주소 132 W 138th St, Newyork 위치 ①지하철 2, 3호선 135 St역에서 도보 5분 ②지하철 A, B, C호선 135 Street역에서 도보 10분 시간 일요일 11:30(신년, 부활절 등에는 여행객 입장 불가) 홈페이지 www.abyssinian. org 전화 212-862-7474

여행객들이 할렘을 찾는 이유 중 하나가 바로 가스펠 투어다. 특히 블랙가스펠은 때에 따라 웅장하기도, 흥겹게 춤을 추기도 해서 마치 공연처럼 느껴지기도 한다. 때문에 일부러 예배가 있는 날 멀리서 할렘을 방문하기도 한다. 뉴욕에서 가장 오래된 아프리카계 미국인의 교회 중 하나로, 200년 역사를 가지고 있는 아비시니안 침례교회 앞에는 예배 시간 한두 시간 전부터 줄이 길게 늘어선다. 세인트 알로이시우스 성당St. Aloysius Church , 프렌드십 침례교회

Friendship Baptist church 등 다른 교회들도 여행객의 예배를 허용하고 있으니 참고하자. 또 찬양은 공연이 아닌 엄숙한 종교 활동의 일부이므로, 한 번 교회 안으로 들어가면 예배가 끝날 때까지 나올 수 없다.

방대한 양의 흑인 문화가 보관된 도서관
숌버그 흑인 자료 도서관 Schomburg center for Research in Black culture
[숌버그 센터 포 리서치 인 블랙 컬쳐]

주소 515 Malcolm X Blvd, Newyork　**위치** 지하철 2, 3호선 135 St역에서 도보 1분　**시간** 10:00~18:00/
10:00~20:00(화, 수)　**휴관일**　**홈페이지** www.nypl.org　**전화** 917-275-6975

흑인 문화에 대한 자료들을 보관하고 있는 곳 중 세계 최대 규모를 가진 도서관이다. 1925년 푸에르토리
코 출신의 흑인 연구학자 아르투로 알폰소 숌버그Arturo Alfonso Schomburg에 의해 문을 열었고, 현재는
뉴욕 공립 도서관의 연구 부서로 활용되고 있다. 다큐멘터리 및 예술 사진, 예술품과 유물, 희귀 도서와 악
보, 신문, 라디오 및 음악 녹음본, 영화와 비디오 등 광범위한 자료들 1천 만여 점이 보관돼 있으며, 컬렉션
전시회나 참여형 행사가 열려 방문해 볼 만하다.

전형적인 미국식 브런치 레스토랑
아이홉 IHOP [아이홉]

주소 2294 Adam Clayton Powell Jr Blvd, Newyork　**위치** 지하철 2, 3호선 135 St역에서 도보 5분　**시간**
7:00~22:00/ 7:00~24:00(금, 토)/ 7:00~20:00(일)　**가격** $7.49(오리지널 버터밀크 팬케이크), $9.49(스트로베
리바나나 팬케이크)　**홈페이지** ihop.com　**전화** 917-675-6097

'인터내셔널 하우스 오브 팬케이크'라는 이름으로,
미국 전역에 지점이 있는 프랜차이즈 레스토랑이다.
늦은 저녁까지 문을 열지만 대표 메뉴는 전형적인 미
국의 아침 식사 메뉴인 팬케이크이다. 블루베리, 초
콜릿칩, 치즈케이크, 딸기 바나나 등 다양한 토핑이
올라간 팬케이크와 함께 와플앤치킨, 버거, 오믈렛
등 식사 메뉴도 있다. 상당히 많은 양을 자랑하며 커
피 리필이 무료다.

 뉴욕 소울 푸드의 어머니
실비아 Sylvia's [실비아스]

주소 328 Malcolm X Blvd, Newyork **위치** 지하철 2, 3호선 125 Street역에서 도보 3분 **시간** 8:00~22:30/
11:00~20:00(일) **가격** $17.95(치킨앤와플) $28.95(프라임 스테이크), $14.95(실비아스 버거) **홈페이지** sylvias
restaurant.com **전화** 212-996-0660

1962년부터 50년 넘게 자리를 지켜 온 대표적인
소울푸드 레스토랑이다. 소울푸드의 대표 격인 치
킨앤와플도 많이 먹지만, 스테이크나 버거 등 다
른 메뉴들도 맛있다. 또 일요일 브런치 타임에는
가스펠 공연을, 수요일에는 라이브 공연을 식사와
함께 즐길 수 있어 소울 재즈의 본고장에 온 느낌
을 한껏 느낄 수 있다. 내부는 세 개의 공간으로 나
누어져 있어 넓지만, 가스펠 공연을 하는 일요일
11시쯤에는 테이블이 꽉 차는 편이다.

> **Tip.**
> **소울 푸드란?**
> 미국 남부 스타일의 가정식. 주로 아프리카 이주
> 민들의 음식이어서 '소울 푸드'라는 이름이 붙
> 게 됐다. 바비큐 립, 프라이드치킨, 맥앤치즈 같
> 은 음식이 일반적인데, 상대적으로 저렴한 식재
> 료에 향신료를 강하게 쓰는 것이 특징이다. 대표
> 적인 메뉴로는 바삭하고 짭짤한 프라이드치킨에
> 달콤한 시럽을 뿌린 와플을 곁들인 치킨앤와플
> 이 있다.
>
>

대통령도 사랑했던 분위기 좋은 레스토랑
레드 루스터 RED ROOSTER [레드 루스터]

주소 310 Malcolm X Blvd, Newyork 위치 지하철 2, 3호
선 125 Street역에서 도보 1분 시간 11:30~22:30/ 10:00~
23:00(토)/ 10:00~22:00(일) 가격 $40(오바마 쇼트 립), $28
(핫 허니 야드버드) 홈페이지 redroosterharlem.com 전화
212-792-9001

매일 라이브 공연이 열리는 펍 겸 레스토랑이다. 에
티오피아 출신의 스타 셰프 마커스 새뮤얼슨Marcus
Samuelsson이 헤드 셰프로 있으며, 버락 오바마 전 미국
대통령이 이곳에서 당 공식 행사를 열어 더 유명해졌다.
오바마 쇼트 립, 프라이드 야드버드yardbird(졸병, 죄수라
는 뜻을 가지고 있다) 같은 재미난 이름의 요리들이 있다. 매
달 특정한 스토리를 가지고 만들어 내놓는 이달의 요리에
도전해 보는 것도 재미있는 경험이 될 수 있다.

 힙한 음악이 흘러넘치는 버거와 셰이크 맛집

할렘 셰이크 HARLEM SHAKE [할렘 쉐이크]

주소 100 W. 124 Street at Lenox Avenue/Malcolm X Blvd, Newyork 위치 지하철 2, 3호선 125 Street역에서 도보 1분 시간 8:00~23:00(일~목), 8:00~다음 날 2:00(금, 토)/ 브런치: 8:00~14:00(토~일), 8:00~12:00(월~금) 가격 $7(클래식 버거), $6(레드벨벳 셰이크), $6(생맥주) 홈페이지 harlemshakenyc.com 전화 212-222-8300

무엇보다 인테리어 분위기가 예뻐 사진 찍기 좋은 레스토랑이다. 진한 민트색의 테이블, 의자, 메뉴판이 시선을 사로잡는다. 그뿐 아니라 항상 흥겨운 음악이 함께하며, 버거, 프라이, 셰이크의 맛도 좋다. 소고기 또는 칠면조 패티가 들어간 할렘 클래식 버거, 채식주의자를 위한 베지 버거 메뉴가 대표적이며, 식사를 하지 않더라도 할렘 셰이크라는 이름의 레드벨벳 셰이크 또는 바닐라 셰이크 한 잔은 마셔 보기를 추천한다. 저렴한 가격에 할렘의 분위기를 한껏 느껴 볼 수 있다.

 본고장의 분위기가 여전한 할렘 스타일의 재즈 클럽

파리 블루스 Paris blues [패리스 블루스]

주소 2021 Adam Clayton Powell Jr Blvd, Newyork **위치** 지하철 2, 3호선 125 Street역에서 도보 7분 **시간** 12:00~다음 날 3:00 **가격** $12~(음료 한 잔) **홈페이지** parisbluesharlem.webs.com **전화** 917-257-7831

1968년부터 50년 넘게 자리를 지키고 있는 재즈 바이다. 여전히 1900년대 할렘 감성 그대로 매일 밤 재즈 공연이 이루어진다. 별도의 입장료를 받지 않는 대신, 최소한 음료 두 잔을 마시도록 하고 있다. 치킨과 쌀밥, 콩은 무료로 제공된다. 이제는 80대가 된 주인 아저씨의 자부심을 느낄 수 있는 공간이다.

 할렘 소울 푸드 레스토랑의 양대 산맥
멜바 Melba's [멜바스]

주소 300 W 114 th St, Newyork **위치** 지하철 B, C호선 116th Street역에서 도보 2분 **시간** 디너: 17:00~23:00(월~토), 17:00~22:00(일)/ 브런치: 10:00~15:00(토, 일) **가격** $17.95(치킨앤와플), $22.95(쇼트립) **홈페이지** melbasrestaurant.com **전화** 212-864-7777

실비아 레스토랑에서 주인 할머니의 조카가 독립해 나와 문을 연 레스토랑이다. 은은한 노란 불빛으로 클래식하고 고급스러운 분위기가 나며, 화요일 밤에는 재즈 공연과 함께 식사를 할 수 있다. 치킨앤와플을 주문하면 날개와 가슴 부위인 흰살white meat과 다리와 허벅지 부위인 검은살black meat을 선택할 수 있다. 메인 요리에는 두 개의 사이드를 선택할 수 있는데, 맥앤치즈나 청경채, 감자튀김, 매쉬포테이토 등이 일반적이다.

모닝사이드 하이츠

모닝사이드 하이츠는 어퍼 웨스트 사이드와 비슷한 분위기의 동네다. 비교적 최근 지어진 건물들과 널찍한 도로 덕분에 깔끔한 느낌이 드는 곳이다. 할렘 인근에 있어 '할렘 하이츠'라고도 불리며, 할렘 여행 시 함께 여행하기 좋다.

미국 북동부의 8개 명문 사립 대학, 아이비리그 중 하나
컬럼비아 대학교 COLUMBIA UNIVERSITY [컬럼비아 유니버시티]

주소 213 Low Library, 535 W. 116th St. Newyork 위치 지하철 1호선 116 Street-Columbia University역에서 도보 2분 홈페이지 columbia.edu 전화 212-854-1754

미국 동부의 명문 사립대, 아이비리그 중 하나다. 일부러 방문할 필요는 없지만 지나가다 잠깐 들러 대학가의 느낌을 경험해 보는 것도 신선할 것이다. 꽤 넓은 잔디밭인 사우스론을 지나 캠퍼스의 가운데로 향하면, 지혜의 여신 미네르바의 알마 마터Alma mater 동상이 나온다. 동상의 치맛자락에 숨겨진 부엉이를 제일 먼저 발견한 신입생은 수석 졸업한다는 재미난 속설이 있다. 이곳 저널리즘 대학원에서는 매년 언론계의 노벨상이라 불리는 퓰리처상을 시상하기도 한다.

지금도 계속해서 지어지고 있는 아름다운 성당

세인트 존 더 디바인 대성당

The cathedral church of St.John the Divine [더 캐드럴 처치 오브 세인트존 더 디바인]

주소 11047 Amsterdam Avenue at 112th St, Newyork 위치 ①지하철 B, C호선 110 St-Cathedral Pkwy역에서 도보 10분 ②지하철 1호선 Cathedral Parkway 110 Street역에서 도보 5분 시간 7:00~18:00 요금 $10(어른), $8(학생) 홈페이지 stjohndivine.org 전화 212-316-7540

1892년부터 시작해 여전히 건축이 진행 중이다. 두 차례의 세계 대전을 겪으며 공사가 멈추었다가 다시 짓고 있으며, 2050년에 완공 예정이다. 아직 전체 규모의 3분의 2 정도밖에 지어지지 않았지만, 미사가 열리며 종종 공연이나 미술 전시도 하고 있어 많은 사람들이 방문한다. 중세 유럽풍의 로마네스크, 고딕 양식이 조화를 이루는 외부는 물론 성당 내부의 스테인드글라스와 태피스트리도 아름답다. 특히 미사 때에는 8,500개의 파이프로 만들어진 거대한 오르간 연주도 들을 수 있어 방문할 만하다.

북쪽의 센트럴 파크 같은 조용한 공원
모닝사이드 공원 Morningside Park [모닝사이드파크]

주소 400W 123rd St, Newyork **위치** 지하철
2, 3호선 125 St역에서 도보 10분 **시간** 6:00~
다음 날 1:00 **홈페이지** nycgovparks.org **전
화** 212-639-9675

센트럴 파크와 가깝지만 유명하지는 않아 동
네 공원의 느낌이 강한 곳이다. 컬럼비아 대
학교, 세인트 존 더 디바인 대성당에서 한 블
럭 옆에 붙어 있다. 규모가 작지는 않으며, 서
쪽이 동쪽보다 지대가 높아 경사가 있는 편이
다. 서쪽 공원 입구에서 반대쪽 전경을 내려
다볼 수 있고, 동쪽으로는 자그마한 폭포와
연못이 조성돼 있다.

워싱턴하이츠

업타운 맨해튼에 속해 있으며, 미국 독립 전쟁 때 뉴욕을 방어하기 위해 지었던 워싱턴 요새로부터 지역의 이름이 유래됐다. 맨해튼에서 가장 녹지 공간이 많은 곳 중 하나며, 메트로폴리탄 미술관의 별관인 클로이스터스가 대표적인 방문 포인트다.

미술관을 품고 있는 숲 공원
포트 트라이언 공원 Fort Tryon Park [포트 트라이언 파크]

주소 Riverside, Dr To Broadway, Newyork **위치** 지하철 A호선 Dyckman St역에서 도보 1분 **시간** 6:00~다음 날 1:00 **홈페이지** forttryonparktrust.org **전화** 212-795-1388

워싱턴 하이츠의 가장 북쪽에 있는 공원이다. 센트럴 파크를 설계했던 건축가의 아들인 프레드릭Frederick Law Olmsted Jr.이 설계했으며, 약 2km의 산책로에서 가벼운 하이킹을 할 수 있다. 공원 꼭대기에서 허드슨강 건너 뉴저지의 전경을 볼 수 있다. 클로이스터스 뮤지엄이 공원 안쪽에 자리하고 있어, 뮤지엄을 찾는 사람들은 꼭 이 공원을 거쳐야 한다.

산속에 숨겨진 고성 미술관, 정원도 꼭 들러 보자
클로이스터스 The Met Cloisters [더 멧 클로이스터스]

주소 99 Margaret Corbin Dr, Newyork 위치 지하철 A호선 Dyckman Street subway역에서 포트 트라이언 공원을 통해 도보 10분, 버스 M4 Margaret Corbin Dr/Cloisters 하차 시간 10:00~17:15(3~10월), 10:00~16:45(11~2월) 요금 $25(어른), $12(학생) 홈페이지 metmuseum.org 전화 212-923-3700

메트로폴리탄 미술관의 분관 중 하나다. 본관과 분관을 포함, 세 곳 중 어디에서 매표를 하건 연속 3일 동안은 한 표를 사용해 모든 곳에 입장할 수 있다. 12세기에서 15세기에 걸친 중세 유럽의 작품들 2천여 점을 전시하고 있으며, 중세 고딕 양식 조각과 건축물을 모아 합쳐 만들었기 때문에 마치 실제로 중세 시대의 수도원에 온 듯한 느낌을 준다. 중세 시대의 종교 유물, 조각상, 태피스트리들이 전시돼 있는데, 특히 양모와 실크, 은색과 금색 실로 짜여진 유니콘 태피스트리가 대표적인 유물 중 하나다. 뮤지엄 내부의 정원과 성벽 위에서 바라보는 풍경이 정말 아름답다.

🍽 버거와 고구마튀김이 맛있는 동네 맛집
트라이언 퍼블릭 하우스 Tryon Public house [트라이언 퍼블릭 하우스]

주소 4740 Broadway Thayer St. & Dyckman St. Newyork **위치** 지하철 A호선 Dyckman Street subway 역에서 도보 1분 **시간** 11:30~다음 날 2:00(월, 화), 11:30~다음 날 4:00(수~금), 11:00~다음 날 4:00(토), 11:00~다음 날 2:00(일) / 해피 아워(월~금): 13:00~19:00 **가격** $16(트라이언 레드아이 버거), $16(쇼트립 에그 베네딕트) **홈페이지** tryonpublichouse.com **전화** 646-918-7129

친근한 분위기의 동네 펍으로, 낮에도 맥주 한 잔을 하거나 노트북을 들고 오는 손님이 많다. 수제 패티를 사용해 만드는 버거가 대표적인 메뉴며, 버거에는 감자튀김 또는 샐러드가 함께 제공되는데 $3를 추가해 치즈와 랜치 소스, 파가 뿌려진 트라이언 감자튀김으로 변경할 수도 있다. 채식주의자를 위한 메뉴와 에그 베네딕트, 머핀, 감자튀김이 함께 나오는 브런치 메뉴도 있다.

어퍼 웨스트 사이드

Upper West Side

센트럴 파크를 기준으로 서쪽은 어퍼 웨스트, 동쪽은 어퍼 이스트로 구분된다. 깔끔하게 정비된 거리, 잘 보존된 1800년대의 브라운스톤 주택들이 어퍼 웨스트 사이드의 상징이다. 한쪽으로는 맨해튼에서 두 번째

Best Course

미국 자연사 박물관

도보 10분
⬇

르뱅 베이커리(식사)

도보 7분
⬇

더 다코타

도보 12분
⬇

링컨 센터

로 넓은 리버사이드 공원, 한쪽으로는 센트럴 파크를 끼고 있어 거주 지역으로 최적의 조건이기 때문에 고소득 전문직 종사자들이 많이 살고 있다. 여행객들에게 매력적인 방문지는 미국 자연사 박물관, 공연 예술의 메카 링컨 센터 정도로 많지 않지만, 멋드러진 주택가를 걷다가 카페 테라스에 앉아 잘 차려입은 뉴요커를 구경하는 재미가 있다.

어퍼 웨스트 사이드

컬럼비아 대학교
Columbia university

모닝사이드 파크
Morningside park

파리 블루
Paris Blu

W 123rd St
W 122rd St
Manhattan Ave
Frederick Douglass Blvd
W 120th St

116 St

멜바
Melba's

W 116th St

Cathedral Parkway 110 Street Station

세인트 존 더 디바인 대성당
The cathedral church of St.John the Divine

116th Street Station

리버사이드 공원
riverside park

110 St-Cathedral Pkwy Station

Central Park N

West Ave

West End Ave

110 St

103 St

110 Street Station-Central Park North

할렘 미어
Harlem Meer

Central Park West

Columbus Ave

103 St Station

허들스톤 아치
Huddleston Arch

96 St

Broadway

Amsterdam Ave

96 St

97th St Tramsverse

103 Street Static

Henry Hudwon Pkwy

블러섬 온 콜롬버스
Blossom on Columbus

뮤지엄 마일
Museum Mile

96 Street Station

79 St

쿠퍼 휴잇 스미스소니언
디자인 박물관
Cooper Hewitt smithsonian design museum

86 Street Station

Madison Ave

96 Street Subway Statio

미국 자연사 박물관
American Museum of Natural history

솔로몬 R. 구겐하임 미술관
Solomon R.Guggenheim Museum

81 St — Museum of Natural History

노이에 갤러리
Neue galerie

Park Ave

르뱅 베이커리
Levain Bakery

벨비디어성
Belvedere castle

더 그레이트 론
The great lawn

86 Street Station

East 86th St

72 Street / Broadway

앨리스 티 컵
Alice's Tea Cup

메트로폴리탄 미술관
The metropolitan museum of art

86th Street Subway Sta

그레이스 파파야
Gray's Papaya

더 다코타
The Dakota

72 Street Station

더 로브 보트하우스
The Loeb Boathouse

레이디 엘 케이크
Lady M Cake Boutique

E 79th St

베데스다 분수
Bethesda terrace

카페 볼루드
Café Boulud

멧 브로이어
The Met Breuer

링컨 센터
Lincoln Center

Central Park West

프릭 컬렉션
The Frick collection

5th Ave

Madison Ave

랄프스 커피
Ralph's Coffee

Park Ave

E 72nd St

3rd Ave

1st Ave

콜럼버스 서클
Columbus Circle

W 59th St

매디슨 애비뉴
Madison Avenue

72 Street Subway Station

68 Street Station

11th Ave

10th Ave

9th Ave

8th Ave

퓨어 타이쿡하우스
Pure Thai Cookhouse

호프
Hope

더 쉐리 네덜란드
the sherry netherland

7 Avenue Station

러브
Love

Lexington
Av/59 St

세런디피티 3
Serendipity 3

FDR Dr

50 Street Subway Station

더 맨해튼 앳 타임스스퀘어
The Manhattan at Times Square

할랄 가이즈
The halal guys

더 블루박스 카페
The Blue Box Cafe

루즈벨트 아일랜드 트램웨이
Roosevelt Island Tramway

뉴욕 현대 미술관
MoMA

Roosevelt Island Subway Station

47-50 Streets Rockefeller Center Station

톱 오브 더 록
Tope of the Rock

록펠러 센터
Rockefeller center

후지 이스트 재패니즈 비스트로
Fuji East Japanese Bistro

실제와 같은 모형 동물과 공룡뼈를 볼 수 있는 박물관
미국자연사박물관 American Museum of Natural History [아메리칸 뮤지엄 오브 내츄럴 히스토리]

주소 Central Park West & 79th St, Newyork **위치** 지하철 B, C호선 81 Street-Museum of Natural History역에서 도보 1분 **시간** 10:00~17:45 **요금** $23(어른), $18(학생), $13(어린이) *특별 전시회, 아이맥스 영화관, 우주 쇼는 별도 **홈페이지** www.amnh.org **전화** 212-769-5100

3,000만 종에 달하는 표본과 전시물을 소장하고 있는 미국 자연사 박물관은 자연사 박물관 중에는 세계 최대 규모를 자랑한다. 지구의 역사와 생태계를 보여 주는 46개의 상설 전시관과 기획 전시관으로 이루어져 있다. 특히 동물들의 표본은 실제로 살아 있는 것처럼 느껴질 정도로 사실적이며, 세계 각 대륙에서 발굴해 온 유물들도 문화적 특징을 살린 전시관에 전시돼 있다. 특히 인기 있는 것은 실물 크기를 재현해 둔 거대한 공룡과 푸른 고래 표본으로, 그 크기가 어마어마해 공룡은 전시관 밖으로 머리가 튀어나와 있고 고래는 전시관 한 층 규모를 차지하고 있다. 다양한 생물관과 우주관도 흥미로우며, 박물관 전체를 둘러보는 데는 두세 시간 이상 소요된다.

 한적한 거리의 예쁜 채식 레스토랑
블러섬 온 콜럼버스 Blossom on Columbus [블러썸 온 콜럼버스]

주소 507 Columbus Ave, Newyork **위치** ①지하철 B, C호선 86 Street역에서 도보 5분 ②미국 자연사 박물관에서 도보 7분 **시간** 아침: 11:30~15:30(토), 10:30~15:30(일)/ 점심: 11:30~15:30(월~금)/ 저녁: 17:00~19:45(월~일) **가격** $18(두부 베네딕트), $21(블러썸 버거) **홈페이지** blossomnyc.com **전화** 212-875-2600

요즘 뉴욕에는 채식주의자를 위한 비건 레스토랑이 인기다. 첼시에도 지점을 가지고 있는 이곳은 비건 레스토랑 치고 메뉴가 다양한 편이어서 더 인기가 좋다. 계란 대신 두부를 사용한 두부 베네딕트, 콩으로 만든 베이컨이 들어 있는 블러썸 버거와 야생 버섯과 채소가 올라간 피자 등 다른 곳에서 흔히 볼 수 없는 메뉴들이 있는데, 플레이팅도 예뻐 눈과 입, 건강까지 모두 챙길 수 있다.

 인생 쿠키를 맛볼 수 있는 베이커리
르뱅 베이커리 Levain Bakery [르뱅 베이커리]

주소 167 W 74th St, Newyork **위치** 지하철 1, 2, 3호선 72 Street/Broadway역에서 도보 2분 **시간** 8:00~19:00 **가격** $4(쿠키) **홈페이지** levainbakery.com **전화** 917-464-3769

스콘처럼 두툼하게 생긴 쿠키가 유명한 곳이다. 허핑턴 포스트가 "죽기 전에 먹어 봐야 할 음식 Top25"로 선정하며 유명세를 타기 시작했다. 대표적인 메뉴는 쵸콜렛칩 월넛 쿠키, 다크 초코칩 쿠키며, 쿠키 이외에도 베이커리, 피자, 음료도 판매한다. 오후 7시에 문을 닫는데, 가장 인기 있는 쿠키 종류는 보통 오후 7시 이전에 매진되므로 일찍 방문하는 것이 좋다.

탱글탱글한 미국 스타일 핫도그
그레이스 파파야 GRAY'S PAPAYA [그레이스 파파야]

주소 2090 Broadway, Newyork **위치** 지하철 1, 2, 3호선 72 Street/Broadway역에서 도보 1분 **시간** 24시간 영업 **가격** $4.50(핫도그+음료수), $6.45(핫도그 두 개+음료수) **홈페이지** grayspapaya.nyc **전화** 212-799-0243

딱 뉴욕스러운 핫도그와 과일주스를 판다. 뉴욕에서는 보기 드물게 24시간 운영하고 있다. 영화에 등장했던 곳이어서 더욱 유명세를 탔으며, 오랫동안 이 자리를 지켜 오고 있다. 핫도그의 모양은 롤빵에 소시지, 찐 양파를 넣고 머스터드 소스를 얹은 형태로, 여느 푸드 트럭에서 판매하는 것과 크게 다르지 않다. 하지만 육즙이 풍부한 소시지의 맛이 다른 곳과 비교가 안 된다. 또 가게 이름처럼 파파야 주스를 시그니처 메뉴로 팔고 있으며, 오렌지, 파인애플 주스도 있다.

애프터눈 티와 브런치 카페
앨리스 티 컵 Alice's Tea Cup [앨리스즈 티 컵]

주소 102 W 73rd St, Newyork **위치** ①지하철 1, 2, 3호선 72 Street/Broadway역에서 도보 4분 ②지하철 B, C호선 72 Street역에서 도보 5분 **시간** 오전: 8:00~11:30(월~금)/ 오후: 11:30~20:00(매일)/ 브런치: 8:00~15:00(토, 일) **가격** $15~17(티앤스콘 세트), $9~11(티팟) **홈페이지** alicesteacup.com **전화** 212-799-3006

가게 외관이 예쁘고 사랑스러운 분위기인 카페 겸 베이커리로, 어퍼 이스트에 '챕터 투'라는 분점이 있다. 티 세 잔에서 여섯 잔이 나오는 차 주전자 단위로 판매하고 있으며, 백여 개의 티 종류를 가지고 있다. 스콘, 케이크 등 가벼운 디저트 메뉴와 함께 여유로운 오후를 보내기에 좋다. 이상한 나라의 앨리스에서 영감을 얻은 만큼 아기자기한 접시에 올려져 나온다.

 존 레논이 살았던 오래된 아파트
더 다코타 The Dakota [더 다코타]

주소 1 W 72nd St, Newyork **위치** 지하철 1, 2, 3호선 72 Street/Broadway역에서 도보 7분

1880년대에 지어진 고급 아파트로, 센트럴 파크를 옆에 끼고 있다. 비틀즈의 존 레논이 살았던 아파트로, 1980년 12월 8일 건물 입구에서 총에 맞아 생을 마감한 곳이기도 하다. 존 레논이 사망한 후 아내 오노 요코가 아파트 옆 센트럴 파크 입구의 부지를 매입해 그를 추모하는 공간을 만들었는데, 비틀즈의 노래인 〈Strawberry Fields Forever〉에서 이름을 따온 스트로베리 필즈다. 바닥에 존 레논의 대표곡 〈Imagine〉이 새겨져 있으며, 여전히 많은 사람들이 이곳에서 비틀즈 노래로 그를 추모한다.

 각종 공연과 연주가 이루어지는 종합 예술 센터
링컨 센터 Lincoln Center for the Performing Arts [링컨 센터 포 더 퍼포밍 아츠]

주소 Lincoln Center Plaza, Newyork **위치** 지하철 1, 2호선 66St-Lincoln Center역에서 도보 2분 **투어 요금** $25(어른), $20(학생) **홈페이지** lincolncenter.org **전화** 212-875-5456

무대 예술 및 연주 예술을 위한 종합 예술 센터로, 공연 예술의 메카로 불린다. 일반적으로 링컨 센터는 분수가 있는 광장을 중심으로 뉴욕 필하모닉의 공연장으로 쓰이는 에이버리 피셔 홀, 세계 4대 오페라 하우스 중 하나인 메트로폴리탄 오페라 하우스, 세계 최고의 공연 예술 학교로 인정받는 줄리어드 스쿨을 포함해 다섯 개의 건물과 그 안에 상주하는 10여 개의 예술 단체를 묶어 지칭하는 이름이다. 음악, 무용, 연극, 오페라, 발레, 재즈 등 여러 공연이 이루어지는 복합 예술공간이며, 광장 계단에 그날의 행사 정보가 글자로 표시된다.

도시와 센트럴 파크를 잇는 원형 광장
콜럼버스 서클 Columbus circle [콜럼버스 서클]

주소 848 Columbus Cir, Newyork   **위치** 지하철 1,2호
선 59St-Columbus Circle 역에서 도보 2분   **홈페이지**
nycgovparks.org **전화** 212-639-9675

빌딩 ㅣ ㅐ숲 사이의 원형 광장으로, 가운데에는 미국 대륙
에 처음 도착한 크리스토퍼 콜럼버스의 항해를 기념하기
위한 그의 동상이 자리하고 있다. 항상 차와 사람이 많이
다니는 대형 로터리. 바로 옆의 55층짜리 건물, 타임 워
너 센터에서 내려다보는 경관이 멋있다. 더불어 빌딩 안에
는 Masa, Per se 같은 미슐랭 3스타 레스토랑 등 고급
식당과 부티크 상점, 링컨센터 재즈공연장이 들어가 있다.
12월에는 크리스마스 홀리데이 마켓이 열리기도 한다.

길게 뻗어 있는 강변 공원
리버사이드 공원 riverside park [리버사이드 파크]

주소 Riverside Dr &, W 105th St, Newyork   **위치** 허드슨 강가 쪽 웨스트 125번가부터 웨스트 72번까지 **시
간** 24시간 **홈페이지** nycgovparks.org **전화** 212-870-3070

맨해튼에서 두 번째로 넓은 공원으로, 모닝사이드 하이츠에서부터 세로로 길게 뻗어 있다. 여행객들이 주
로 찾는 관광지들과는 조금 떨어져 있지만, 강가를 걸으며 한적한 여행을 하고 싶다면 최적의 장소다. 센트
럴파크와 마찬가지로 넓은 잔디밭, 테니스 코트, 축구 경기장 등 다양한 내부 시설이 갖춰져 있다. 또 허드슨
강변에는 오픈 테라스를 가진 카페 겸 레스토랑들도 있어 강 건너 뉴저지 풍경을 보며 휴식을 즐길 수 있다.

센 트 럴
파   크
Central Park

뉴욕의 대표적인 랜드마크이자 세계적으로 손꼽히는 도시 공원이다. 연중무휴로 개방하며, 매일 새벽 1시에서 6시까지는 출입을 금지한다. 남북 길이 4.1km, 동서 길이 0.83km로 한바퀴를 크게 돌면 약 두세시간 정도 걸린다. 공원 내부에 총 면적의 8분의 1을 차지하는 재클린 케네디 오나시스 저수지, 잔디 광장인 그레이트 론, 공원 경관을 조망할 수 있는 벨비디어성, 베데스다 분수 등 다양한 명소가 있으며, 울창한 숲과 한적한 산책로, 음식점, 놀이공원, 수영장,

Best Course

- Course1 -

센트럴파크 북쪽

도보 3분
⊙

할렘 미어

도보 10분
⊙

허들스톤 아치

도보 19분
⊙

재클린 케네디
오나시스 저수지 서쪽

- Course2 -

메트로폴리탄
미술관 옆

도보 10분
⊙

그레이트 론

도보 10분
⊙

벨비디어 성

도보 10분
⊙

더 롭 보트하우스

도보 3분
⊙

베데스다 분수

아이스링크, 농구 코트 등 운동 시설까지 갖추고 있다. 일정 중 하루를 센트럴 파크만 방문하기보다는 주변 명소와 함께 둘러보는 것을 추천한다. 요가 수업, 크리스마스 눈썰매, 영화제 같은 다양한 행사가 수시로 열리니 센트럴 파크 홈페이지에서 미리 일정을 참고하자.

 센트럴 파크 최북단의 아름다운 호수
할렘 미어 Harlem Meer [할렘 미어]

주소 1-99 Central Park N, Newyork **위치** 지하철 2, 3호선 110 St-Central Park North역에서 도보 1분
시간 6:00~다음 날 1:00 **홈페이지** centralparknyc.org **전화** 212-310-6600

센트럴 파크 노스 입구 근처의 넓고 한적한 호수다. 할렘 또는 모닝사이드 하이츠와 묶어 방문하기 좋다.
호수 옆 맬컴X 대로를 통해 자전거 도로로 들어가 센트럴 파크 중심부 쪽으로 내려가다 보면 언덕을 시원
하게 달려 내려갈 수 있는 길이 나온다. 공원 입구 근처의 시티바이크 거치대에서 자전거를 빌려 자전거 산
책을 해 보는 것도 좋다.

 자르지 않은 큰 바위로 만든 신기한 돌 아치
허들스톤 아치 Huddlestone Arch [허들스톤 아치]

위치 할렘 미어에서 이스트 드라이브를 따라 도보 5분 **시간** 6:00~다음 날 1:00 **홈페이지** centralparknyc.org
전화 212-310-6600

센트럴 파크의 아름다운 히든 장소로, 몇몇 센트럴 파크 워킹 가이드 투어에서 소개하는 곳 중 하나다. 자
전거가 지나는 메인 도로 아래 작은 샛길처럼 숲을 향해 나있는 길에 있는 작은 아치형 터널인데, 이곳부터
글렌 스판 아치Glen span Arch까지 이어진 길이 정말 아름답다. 울창한 숲처럼 조성된 바위 길을 따라 자
그마한 폭포와 호수도 있다. 맨해튼 중심에 있다는 것을 잊게 만들 정도로 자연 그 자체를 느낄 수 있다.

 센트럴 파크의 가운데에 위치한 큰 저수지
재클린 케네디 오나시스 저수지 Jacqueline Kennedy Onassis Reservoir
[재클린 케네디 오나시스 레저보어]

주소 85th Street to 96th Street, Newyork **위치** 86 St Transverse-79 St Transverse 사이 센트럴 파크 한가운데 **시간** 6:00~다음 날 1:00 **홈페이지** centralparknyc.org **전화** 212-310-6600

센트럴 파크 전체 면적의 8분의 1을 차지하는 넓은 저수지로, 5번가의 미술관에 들렀다가 센트럴 파크를 찾게 되면 가장 쉽게 볼 수 있는 곳이다. 1800년대 뉴욕시의 용수 공급을 위해 만들어졌지만, 지금은 도심 한복판의 오아시스 역할을 하고 있다. 넓은 호수 건너로 맨해튼의 고층 건물을 볼 수도 있고, 봄에는 꽃으로, 가을에는 단풍으로 물드는 길가의 나무를 따라 조깅을 하는 사람도 많다. 저수지의 둘레 길이는 2.5km로, 한 바퀴 걷는 데 30분 정도 소요된다.

 센트럴 파크의 가운데에 위치한 너른 잔디밭
그레이트 론 Great Lawn [그렛 론]

주소 79th St &, W 85th St, Newyork **위치** 메트로폴리탄 미술관과 미국 자연사 박물관 사이 센트럴 파크한가운데 **시간** 6:00~다음 날 1:00 **홈페이지** centralparknyc.org **전화** 212-310-6600

센트럴 파크 하면 상상되는 장면이 펼쳐지는 초록 잔디밭이다. 여섯 개의 소프트볼 필드가 있을 정도로 넓으며, 초록색 잔디밭 여기저기에 앉아서 쉬거나 공놀이를 하는 사람을 찾아볼 수 있다. 봄에는 잔디밭 옆쪽으로 벚꽃이 화려하게 피기도 한다. 아쉽게도 겨울에는 개방하지 않는다. 스포츠 구역 없이 온전히 피크닉 공간으로 쉴 수 있는 곳을 찾는다면 공원 남쪽에 있는 쉽 미도우Sheep Meadow를 찾는 것도 추천한다.

 센트럴 파크를 조망할 수 있는 야트막한 성
벨비디어성 Belvedere Castle [벨베디어 캐슬]

주소 79th Street, Mid Central Park, Newyork **위치** 센트럴 파크의 가운데, 79번가 대로 옆 언덕 위 **시간** 6:00~다음 날 1:00 **홈페이지** centralparknyc.org **전화** 212-310-6600

이탈리아어로 '아름다운 풍경'이라는 뜻을 가진 벨비디어성은 성곽에서 바라보는 전경이 예쁘기로 유명하다. 센트럴 파크 내에서 가장 높은 곳에 위치해 있으며, 북쪽으로는 터틀 연못과 그레이트 론을, 남쪽으로는 숲처럼 조성된 램블을 볼 수 있다. 건너편 사우스론에서 연못과 벨비디어성, 어퍼 웨스트 사이드의 고층 건물을 함께 보는 풍경도 아주 예쁘다.

 타일 테라스와 천사 조형물이 있는 아름다운 분수
베데스다 분수 Bethesda Terrace [베데스다 테라스]

주소 72 Terrace Dr, Newyork 위치 지하철 A, B, C호선 72 St역에서 도보 10분 시간 6:00~다음 날 1:00 홈페이지 centralparknyc.org 전화 212-310-6600

센트럴 파크의 더 레이크 호숫가에 있는 분수로, '물의 천사'라고 불리는 조형물이 분수 위에 세워져 있다. 분수 광장 옆쪽으로는 1860년대에 지어진 계단형 테라스가 있다. 계단 아래쪽에는 영국의 도자기 회사 민톤 사에서 만든 16,000개 정도의 타일로 된 공간이 있는데, 웨딩 사진도 종종 찍는 명소 중 하나다. 특히 밤에는 통로에 불이 켜져서 더욱 예쁘다. 이 계단을 따라 남쪽으로는 가을 단풍이 아름다운 시인의 거리 The mall and literary walk 와 이어진다.

 호숫가에 있는 분위기 좋은 레스토랑
더 로브 보트하우스 THE LOEB BOATHOUSE [더 레브 보트하우스]

주소 Park Drive North, E 72nd St, Newyork 위치 베데스다 분수에서 호수 따라 도보 3분 시간 점심: 12:00~다음 날 3:45(월~금)/ 저녁: 17:30~21:00(4~11월)/ 브런치: 9:30~15:45(토, 일) 가격 $12~16(주류), $26~38(점심), $27~46(저녁) 홈페이지 www.thecentralparkboathouse.com 전화 212-517-2233

베데스다 분수에서 호숫가를 따라가다 보면 만나게 되는 호수 공원 레스토랑이다. 드라마에 나오기도 했지만, 그 전부터 이미 유명했다. 날씨 좋은 날 호수를 바라보며 평화로운 식사를 즐길 수 있다. 브런치는 주말에만 운영하고, 저녁 식사는 4월부터 11월에만 가능하다. 미리 예약하고 방문하는 것을 추천하며, 테라스에 앉고 싶다면 현장에서 추가 대기해야 할 수도 있지만 그만한 가치가 있다. 야외 바는 예약이 필요 없어 지나가다 가볍게 술 한 잔을 해도 좋다.

©Neo

여름엔 놀이공원, 겨울엔 스케이트장으로
빅토리안 가든스 놀이동산 / 울먼 링크
Victorian gardens amusement park / wollman rink

주소 830 5th Ave, Newyork **위치** 지하철 N, R, W호선 5
Avenue역에서 도보 10분 **시간** 스케이트장: 10:00~14:30(월, 화),
10:00~22:00(수, 목), 10:00~23:00(금, 토), 10:00~21:00(일)/
놀이동산: 10:00~22:00, 10:00~다음 날 2:30(월, 화),
10:00~21:00(일) **요금** 입장료: $8.5(평일), $9.5(주말), $4(탑승료
1회)/ 스케이트장: 월~목-$12(어른), $6(어린이)/ 금~주말-$19(어
른), $6(어린이) **홈페이지** www.victoriangardensnyc.com/
www.wollmanskatingrink.com **전화** 212-439-6900

5~7세 정도의 아이와 함께하는 여행이라면 후회하지 않을 곳
이다. 관람차, 스윙 라이드 등 어린아이들을 위한 몇 가지 놀이기
구가 있어 도심 옆 공원에서의 색다른 경험을 할 수 있다. 7월부
터 9월까지만 운영하며, 겨울에는 같은 부지가 아이스링크장으
로 바뀐다. 도보 10분 거리에 센트럴 파크 동물원도 아이와 함
께라면 좋은 여행지가 될 수 있다.

99

어퍼 이스트 사이드

Upper Eest Side

어퍼 이스트 사이드를 한 단어로 표현하자
면 럭셔리다. 19세기 후반부터 센트럴 파크
를 조망할 수 있는 고층 저택이 들어오기 시
작하면서 '백만장자의 거리'라는 별명이 생
기기도 했다. 지금도 대다수의 건물들이 펜

Best Course

메트로폴리탄 미술관

도보 11분
⬇

뮤지엄 마일(뮤지엄 관람 및 식사)

도보 10분
⬇

매디슨 애비뉴(쇼핑 및 카페)

도보 10분
⬇

루즈벨트 아일랜드
트램 웨이(석양)

트램 10분
⬇

루즈벨트 아일랜드

트하우스, 콘도 아파트 형태의 고급 거주 공
간으로 사용되고 있다. 때문에 어퍼 이스트
사이드 길을 걷다 보면 건물 로비에 서 있는
안내인을 쉽게 볼 수 있다. 센트럴 파크와 마
주하는 5번가를 따라 미술관들이 모여 있는
뮤지엄 마일, 한 블록 안쪽으로는 럭셔리 디
자이너 부티크들이 즐비한 매디슨 애비뉴가
있어 여행 중 한 번쯤 방문하게 되는 동네다.

어퍼 이스트 사이드

96 St Ⓜ

Ⓜ 103 Street Station

뮤지엄 마일
Museum Mile

재클린 케네디 오나시스 저수지
Jacqueline kennedy onassis reservoir

쿠퍼 휴잇
스미스소니언 디자인 박물관
Cooper Hewitt smithsonian design museum

Ⓜ 96 Street Station

86 Street Station

Ⓜ 96 Street Subway St

솔로몬 R. 구겐하임 미술관
Solomon R.Guggenheim Museum

81 St - Museum of Natural History Ⓜ

노이에 갤러리
Neue galerie

미국자연사박물관
American Museum of Natural history

Ⓜ 86th Street Subway Station

메트로폴리탄 미술관
The metropolitan museum of art

Ⓜ 86 Street Station

East 86th St

72 Street Station Ⓜ

레이디 엠 케이크
Lady M Cake Boutique

카페 불루드
Café Boulud

E 79th St

멧 브로이어
The Met Breuer

프릭 컬렉션
The Frick collection

랄프스 커피
Ralph's Coffee

E 72nd St

72 Street Subway Station

Ⓜ 68 Street Station

매디슨 애비뉴
Madison Avenue

맨해튼 파크 풀 클럽
Manhattan Park Pool Club

더 쉐리 네덜란드
Ⓗ the sherry netherland

러브
Love

렉싱턴
Lexington
Ⓜ Av/59 St

세런디피티 3
Serendipity 3

더 블루박스 카페
The Blue Box Cafe

루즈벨트 아일랜드 트램웨이
Roosevelt Island Tramway

할랄가이즈
The halal guys

뉴욕 현대 미술관
MoMA

Roosevelt Island Subway Station Ⓜ

후지 이스트 재패니즈 비스트로
Fuji East Japanese Bistro

어반스페이스 밴더빌트
Urbanspace Vanderbilt

그랜드 센트럴 터미널
Ⓜ Grand central terminal

크라이슬러 빌딩
Chrysler building

프랭클린 D. 루즈벨트 포 프리덤스 공원
Franklin D. Roosevelt Four Freedoms Park

UN본부
UN Headquarters

세계 3대 미술관
메트로폴리탄 미술관 Metropolitan Museum Of Art [메트로폴리탄 뮤지엄 오브 아트]

주소 1000 5th Ave, Newyork 위치 지하철 4, 5, 6호선 86 Street역에서 도보 10분 시간 10:00~17:30(일~목), 10:00~21:00(금~토) 요금 $25(어른), $12(학생) 홈페이지 metmuseum.org 전화 212-535-7710

세계적으로 손꼽히는 박물관이자 미국 최대의 미술관으로, 무려 5만 평의 전시 공간에 수백만 점의 유물들이 시대별, 지역별로 나누어 전시되고 있다. 선사 시대의 유물부터 현대 미술 작품에 이르기까지, 전시품의 대다수가 민간 단체와 개인의 기부, 기증으로 이루어진 것이 특징이다. 티켓을 구매하면 연속 3일 동안 입장이 가능하며, 분관인 멧 클로이스터와 멧 브로이어에서도 같은 표로 입장할 수 있다. 매표 시 바코드가 찍힌 티켓과 옷에 붙이는 스티커를 주는데, 바코드 티켓은 잘 보관하도록 하자. 2층 유럽회화관에서는 세잔, 드가, 고흐, 고갱, 피카소 등 유명 작가들을 만날 수 있고, 1층과 2층에 걸쳐 있는 미국관에서 근현대 미국 예술의 흐름을 살펴볼 수 있다. 이집트, 그리스 로마, 아프리카, 아시아관에서 오랜 문명과 예술이 담긴 유물들을 볼 수도 있으며, 5월부터 10월까지 여름에는 옥상 정원도 개방한다. 옥외 전시된 작품을 관람하며 맥주 한 잔을 마실 수도 있다. 규모가 매우 넓은데 그 안에 작품이 빈 곳 없이 들어가 있어, 지도를 보고 동선을 짜 움직이거나 반나절 이상 시간을 두고 천천히 관람하는 것이 좋다.

Tip.
멧 갈라 MET Gala
매년 5월 첫째 주 월요일, 메트로폴리탄 미술관에서는 유명 인사들이 자리를 가득 메운다. 뉴욕 메트로폴리탄 미술관의 코스튬 인스티튜트가 개최하는 자선 모금 행사 때문이다. 정식 명칭은 '코스튬 인스티튜트 갈라'로, '멧 갈라' 또는 '멧 볼'이라고도 불린다. 뉴욕 패션 위크의 창시자인 엘레노어 램버트가 처음 개최했으며, 1995년부터 패션 잡지 《보그》의 편집장인 안나 윈투어가 주최하고 있다. 매년 드레스코드를 독특한 코스튬 테마로 선정하고 유명 인사들을 초청하는 방식으로 이루어지며, 매년 평균 150억 원이 모금될 정도로 큰 이벤트로 자리매김했다.

5번가의 미술관 거리
뮤지엄 마일 Museum Mile [뮤지엄 마일]

주소 E 82~105 5th Ave, Newyork **위치** 지하철 4, 5, 6호선 86 Street역에서 도보 10분

5번가fifth avenue의 82번가부터 105번가까지를 일컫는다. 미술관들이 밀집해 있어 '뮤지엄 마일'이라는 명칭이 붙었다. 82번가의 메트로폴리탄 뮤지엄, 86번가의 노이에 갤러리, 88번가의 솔로몬 R. 구겐하임 미술관, 89번가의 내셔널 아카데미 오브 파인 아트, 91번가의 쿠퍼 휴잇 스미스소니언 디자인 박물관, 92번가의 유대인 미술관, 103번가의 뉴욕 박물관, 105번가의 바리오 박물관, 110번가의 아프리카 박물관 그리고 70번가의 프릭 컬렉션이 포함된다. 매년 6월 둘째 주 화요일은 뮤지엄 마일 데이로, 오후 6시부터 9시까지 뮤지엄 마일 내 10개의 박물관에 무료 입장이 가능하다.

근현대 미술을 다루는 메트로폴리탄 미술관의 분관
멧 브로이어 The Met Breuer [더 멧 브로이어]

주소 945 Madison Ave, Newyork **위치** ①메트로폴리탄 미술관에서 도보 10분 ②지하철 4, 6호선 77 Street 역에서 도보 6분 **시간** 10:00~17:30(화~목), 10:00~21:00(금, 토), 10:00~17:30(일) **휴관** 월요일 **요금** $25(어른), $12(학생) **홈페이지** metmuseum.org **전화** 212-731-1675

메트로폴리탄 미술관의 분관 중 하나로, 이전까지는 휘트니 뮤지엄이었던 건물이 2016년 멧 브로이어로 탈바꿈해 개관했다. 메트로폴리탄 본관이 5천 년 인류 역사의 유물과 작품들을 다루고 있다면, 이곳에서는 근현대, 동시대에 초점을 맞추어 작가 또는 주제에 따라 조금 더 심화된 내용의 기획전을 주로 열고 있다. 기획전 특성상 그때그때 전시 내용이 다르고, 전시 준비 기간에는 문을 닫는 전시관이 있을 수 있으니 미리 홈페이지를 참고하는 것이 좋다.

 퓨전 동양식도 맛볼 수 있는 프렌치 레스토랑
카페 볼루드 CAFÉ BOULUD [카페 볼루드]

주소 20 E 76th St, Newyork **위치** ①메트로폴리탄 미술관에서 도보 10분 ②지하철 6호선 77 St역에서 도보 6분 **시간** 아침: 7:00~10:30(월~금), 8:00~10:30(토~일)/ 점심: 12:00~14:30(월~금)/ 저녁: 17:30~ 22:00(월)/ 17:30~22:30(화~목), 17:00~22:30(금~토), 17:00~22:00(일)/ 브런치: 11:30~14:30(토), 11:30~15:00(일) *라이브 재즈: 21:00~24:00(매일 밤 금요일) **가격** $39~45(런치), $70~90(디너), $52(주말 브런치) **홈페이지** cafeboulud.com **전화** 212-772-2600

25년 전통의 프랑스 레스토랑으로, 《미쉐린 가이드》에 1스타로 이름을 올렸다. 프랑스 요리의 대가 다니엘 볼루드가 운영하고 있으며, 코스 메뉴는 크게 정통 프랑스식 '라 트래디숑La tradition', 제철 재료를 활용한 '라 세종La saison', 채식을 위한 '르 포타제Le potager', 세계의 음식을 선보이는 '르 보야지Le voyage'로 나뉜다. 한때 르 보야지 메뉴에 미역국, 아귀찜, 갈비찜 같은 한식 메뉴가 포함되기도 했다. 드레스 코드를 포멀룩으로 정해두지는 않았지만, 남성의 경우 반바지와 샌들, 민소매 셔츠, 야구 모자 착용은 삼가도록 명시돼 있다.

 크레이프 케이크의 끝판왕
레이디 엠 LADY M cake boutique [레이디 엠 케이크 부티끄]

주소 41 E 78th St, Newyork **위치** ①메트로폴리탄 미술관에서 도보 6분 ②지하철 6호선 77 Street역에서 도보 4분 **시간** 10:00~19:00(월~금), 11:00~19:00(토), 11:00~18:00(일) **가격** $8.5(밀 크레이프 1조각), $9(그린티 밀 크레이프 1조각) **홈페이지** ladym.com **전화** 212-452-2222

뉴욕의 유명한 디저트 가게로, 케이크 한 조각에 1만 원이 넘지만 인기가 정말 많다. 20겹 이상의 얇은 크레이프 사이에 크림을 넣은 밀 크레이프와 녹차 크레이프가 대표 메뉴며, 밀푀유와 티 종류도 팔고 있다. 맨해튼에 여러 개의 지점이 있으나 대부분 대기가 긴 편이다. 매장 내부에서 디저트를 즐기려면 방문 전 예약해야 하며, 지불 금액에 자동으로 18%의 팁이 포함돼 포장만 해 가는 사람이 많다.

 아름다운 나선형 건물로 유명한 현대 미술관
솔로몬 R. 구겐하임 미술관 Solomon R. Guggenheim Museum [솔로몬 알 구겐하임 뮤지엄]

주소 1071 5th Ave, Newyork **위치** 지하철 4, 5, 6호선 86 Street역에서 도보 9분 **시간** 10:00~17:30/ 10:00 ~22:00(화, 토) **요금** $25(어른), $18(학생), 기부 입장(토요일 17:00~20:00) **홈페이지** guggenheim.org **전화** 212-423-3500

하얀 나선형 건물이 독특해 20세기의 중요한 건축물 중 하나로 꼽히는 미술관이다. 20세기 최고의 거장으로 손꼽히는 건축가 프랭크 로이드 라이트가 설계했으며, 날이 맑은 날 1층에서 자연광이 떨어지는 천장을 올려다보면 정말 예쁘다. 1층부터 6층까지 나선으로 이어져 있으며, 나선 사이사이에 기념품점, 카페, 화장실이 배치돼 있다. 엘리베이터를 타고 가장 위층으로 올라간 뒤 걸어내려오면서 전시를 보기도 하지만, 아래에서 위로 올라가며 전시 순서에 맞춰 의도대로 보는 것도 좋다. 2층 탄호이저 갤러리를 제외한 대부분의 전시관에서는 보통 특별전 형태의 전시가 이루어지기 때문에, 방문 전 전시 내용과 전시 준비 기간을 미리 확인하는 것이 좋다.

클림트의 우먼 인 골드를 볼 수 있는 미술관
노이에 갤러리 NEUE GALERIE [노이에 갤러리]

주소 1048 5th Ave, Newyork 위치 지하철 4, 5, 6호선 86 Street 역에서 도보 6분 시간 11:00~18:00(목~월) 휴관 화, 수 요금 $25(어른), $12(학생), 무료입장(매월 첫째 주 금요일 17:00~21:00) 홈페이지 neuegalerie.org 전화 212-628-6200

뮤지엄 마일의 미술관 중 가장 최근인 2001년 문을 열었으며, 윌리엄 스타 밀러가 살던 저택을 전시 장소로 사용해 고급 저택에 방문한 듯한 느낌을 주는 미술관이다. 20세기 독일과 오스트리아의 작품들이 주를 이루며, 구스타프 클림트와 에곤 쉴레의 작품이 많다. 특히 세계적인 명화로 꼽히는 클림트의 '아델레 블로흐-바우어의 초상, 우먼 인 골드'를 볼 수 있어 많은 사람들이 찾는다. 전시관 내 사진 촬영은 엄격하게 금지되고 있다. 소고기 굴라시와 자허 토르테로 유명한 오스트리아식 레스토랑 겸 카페 사바스키Café sabarsky가 붙어 있어, 전시 후 여유로운 식사를 즐기는 것도 좋다.

관객 참여적인 패션, 인테리어, 디자인 박물관
쿠퍼 휴잇 스미스소니언 디자인 박물관
Cooper Hewitt smithsonian design museum [쿠퍼 휴잇 스미스소니언 디자인 뮤지엄]

주소 2 E 91st St, Newyork 위치 지하철 4, 5, 6호선 86 Street역에서 도보 10분 시간 10:00~18:00(평일, 일), 10:00~16:00(수요일, 12월 3일), 10:00~21:00(토) 휴관 추수감사절, 12월 25일 요금 $18(어른), 무료(18세 미만) 기부 입장(토요일 18:00~21:00)*온라인 예매 시 할인 홈페이지 cooperhewitt.org 전화 212-849-8400

건축물, 의상, 벽지와 그릇류 등 디자인 요소가 포함된 각종 전시물들을 모아 전시하고 있다. 시대별, 지역별로 정리가 되어 있고, 어떤 패턴을 어떻게 활용했는지 간략하게 설명도 해놓아 디자인을 전공하는 학생들에게 추천한다. 특히 표를 사면 인터랙티브 팬과 개인 QR코드를 나누어 주는데, 대부분의 전시물과 연결돼 패턴을 수집할 수 있다. 수집한 패턴은 한쪽에 비치된 키오스크에서 확인할 수 있고, 스크린으로 건물을 꾸며볼 수 있는 체험형 미술관이어서 아이와 함께 방문하기도 좋다. 정원도 예쁘고, 카페와 기념품 숍이 있어 한 번쯤 들러 보는 것을 추천한다.

식감이 독특한 베이글 맛집

에이치 앤 에이치 베이글 H & H Bagels [에이치앤에이치 베이글]

주소 1551 2nd Ave, Newyork **위치** 지하철 M, Q, R호선 86th Street역에서 도보 6분 **시간** 6:00~20:00 **가격** $2.95(플레인), $10.95(연어+치즈) **홈페이지** hhbagels.nyc **전화** 212-734-7441

뉴욕 3대 베이글 맛집 중 하나로, 1974년에 문을 연 이후 지금까지 꾸준히 사랑받고 있다. 여행객보다는 현지인에게 인기 있어 뉴요커들의 일상을 느낄 수 있다. 주문 시 빵의 종류를 고를 수 있는데 에브리싱 베이글에는 양파, 마늘, 깨, 양귀비씨, 바다소금이 박혀 있어서 식감과 맛이 좋다. 따뜻한 베이글을 먹고 싶다면 '토스트 베이글'이라고 말하는 것을 잊지 말자. 가장 인기 있는 메뉴는 살몬앤크림치즈고 추천 메뉴 격인 스페셜 메뉴도 있지만, 원하는 재료를 직접 골라 자기만의 베이글을 만들 수도 있다.

정원마저 아름다운 고풍스러운 미술관

프릭 컬렉션 THE FRICK COLLECTION [더 프릭 컬렉션]

주소 1 E 70th St, Newyork **위치** 지하철 4, 6호선 68 St Hunter College역에서 도보 8분 **시간** 10:00~18:00(화~토/입장 마감 17:30, 수요일 14:00~18:00 기부 입장), 11:00~17:00(일/입장 마감 16:30), 무료 입장(매달 첫째 주 금요일[1, 9월 제외] 18:00~21:00) **휴무** 월요일 **요금** $22(어른), $12(학생) **홈페이지** frick.org **전화** 212-288-0700

펜실베니아주 출신의 철광왕 헨리 클레이 프릭이 살았던 저택을 그대로 미술관으로 운영하는 곳으로, 프릭이 수집했던 13~19세기 회화, 앤티크 가구, 도자기 등을 전시하고 있다. 특히 초상화를 여러 점 소장하고 있으며, 램브란트, 르누아르 등 유럽 유명 화가의 작품을 주로 볼 수 있다. 무료로 오디오 가이드를 대여해 주는데 한국어 버전도 있어 전시 관람이 용이하다. 클래식한 인테리어와 잘 꾸며진 정원 덕분에 뉴요커가 가장 사랑하는 박물관으로 손꼽히기도 한다. 실내 정원에서는 종종 강연이나 아트 프로그램, 콘서트를 진행하고 있으니 방문 전 일정을 확인해 보아도 좋다.

푸짐한 식사를 즐길 수 있는 바비큐 레스토랑
달라스 비비큐 DALLAS BBQ [달라스 비비큐]

주소 1265 3rd Ave, Newyork **위치** 지하철 M, Q, R호선 72nd Street역에서 도보 3분 **시간** 11:30~23:00 /11:30~다음 날 1:00(금, 토) **가격** $8.99(스티키 치킨 윙 하프), $13.99(풀), $7.99(클래식 버거) **홈페이지** dallas bbq.com **전화** 212-772-9393

뉴욕을 여러 명이 함께 여행하고 있다면, 다 같이 식사하기 가장 좋은 곳 중 하나로 꼽을 수 있는 레스토랑이다. 뉴욕 내에 10여 개의 지점이 있으며, 한 가족이 4대째 운영하고 있다. 립, 치킨, 스테이크, 버거 등 전형적인 미국 남부식 캐주얼 푸드를 먹을 수 있는데, 특히 치킨은 윙을 시켰는데 치킨 한 마리가 나왔다고 느낄 정도로 사이즈가 크다. 스티키 치킨 윙은 한국 치킨집의 허니콤보 맛에 가까워서 익숙한 맛을 느낄 수 있다. 스테이크나 버거류도 양이 많아 여러 명이 함께 가서 나눠 먹기 좋다. 피나콜라다 등 음료도 팔고 있는데, $2을 더 내고 텍사스 사이즈로 주문하면 성인 밥공기보다 큰 컵에 서빙된다.

브랜드 랄프 로렌 스토어 카페
랄프스 커피 Ralph's coffee [랄프 커피]

주소 888 Madison Ave, Newyork **위치** 지하철 4, 6호선 68 St-Hunter College역에서 도보 8분 **시간** 8:00~19:00/ 9:00~18:00(일) **가격** $4(아메리카노), $4(스콘+버터&잼) **홈페이지** ralphs-coffee.com **전화** 212-434-8000

랄프 로렌에서 운영하는 카페로, 4층짜리 랄프로렌 매장에 붙어 있다. 음료와 더불어 스콘, 케이크 같은 가벼운 베이커리류도 팔며, 가격은 합리적인 편이다. 초록색 띠가 둘러진 커피잔과 식기가 심플하고 예뻐 더욱 인기가 좋으며, 원두 패키지도 살 수 있다. 하얀 천장과 벽, 천장의 화려한 샹들리에, 꽃으로 꾸며져 있어 어퍼 이스트 사이드의 느낌이 물씬 느껴진다. 사진 찍을 수 있는 포인트가 많아 한 번쯤 들러 볼 만하다.

하이엔드 쇼핑 거리
매디슨 애비뉴 Madison Avenue [매디슨 애비뉴]

주소 E 57~72 Madison Ave, Newyork 위치 지하철 4, 6호선 68 Street역에서 도보 5분

뉴욕의 대표적인 명품 거리를 생각하면 미드타운의 5번가가 제일 먼저 떠오르지만, 백만장자들의 동네 어퍼 이스트에 있는 매디슨 애비뉴에도 수많은 럭셔리 부티크가 자리하고 있다. 사실상 매디슨가는 23번가에서 시작해 138번가까지 길게 뻗은 길이지만, 매디슨 애비뉴 쇼핑 거리는 57번가부터 72번가까지를 통칭한다. 막스마라, 셀린느, 로베르토 카발리, 랄프 로렌, 톰포드 등 럭셔리 디자이너 매장들이 20여블록 정도에 모여있는데, 미드타운보다 비교적 한적하게 쇼핑을 즐길 수 있다.

이스트강을 건너는 케이블카 트램
루즈벨트 아일랜드 트램웨이 Roosevelt Island Tramway [루즈벨트 아일랜드 트램웨이]

주소 E 59th St & 2nd Avenue Newyork 위치 지하철 N, R, W호선 Lexington Av/59 St역에서 도보 4분 시간 6:00~다음 날 2:00(일~목), 6:00~다음 날 3:30(금, 토)/출근 시간대: 7:00~10:00(월~금), 퇴근 시간대: 15:00~20:00(월~금) 휴무 1월 1일, 메모리얼 데이, 독립기념일, 근로자의 날, 12월 25일 요금 $2.5 *뉴욕 메트로카드 사용 가능 홈페이지 rioc.ny.gov/302/Tram 전화 212-832-4555

맨해튼과 루즈벨트 아일랜드를 오가는 트램으로, 보통 '트램'하면 노면전차를 생각하지만 이곳의 트램은 강 위를 지나는 케이블카다. 덕분에 이스트 리버 위에서 도시를 바라보며 멋진 사진을 찍을 수 있다. 특히 해질녘 루즈벨트 아일랜드에서 맨해튼으로 오는 트램 위에서의 맨해튼 뷰가 장관이다. 뉴욕 메트로카드로 탈 수 있으며, 7분에서 15분에 한 번씩 운행한다.

거대한 초콜릿 밀크 셰이크

세런디피티 3 Serendipity 3

주소 225 E 60th St, Newyork   위치 지하철 N, R, W호선 Lexington Av/59 St역에서 도보 3분   시간
11:30~24:00(일~목), 11:30~다음 날 1:00(금, 토)   가격 $13.95(프로즌 핫 초콜릿), $20.95(스트로베리 필즈 선데
이)   홈페이지 serendipity3.com   전화 212-838-3531

동화나 판타지 영화 속에 들어온 듯한 분위기가 독특한 카페다. 동명의 영화를 촬영한 곳으로 유명하며,
앤디 워홀도 즐겨 방문했다고 한다. 가게 입구부터 인형과 장난감들이 많이 진열돼 있고, 가게 내부에는
화려한 조명과 타일로 꾸며져 있다. 메뉴판 역시 개성 있게 꾸며져 있는데, 곳곳에 그림이 그려져 있어 동
화책 같은 느낌이 든다. 시그니처 메뉴는 프로즌 핫 초콜릿이며, 위에 휘핑크림이 잔뜩 올라가 있다. $20
에 달하는 선데이 아이스크림 메뉴도 인기 있다. 디저트 메뉴뿐 아니라 버거와 오믈렛 같은 가벼운 식사류
도 팔고 있다.

루즈벨트 아일랜드

루즈벨트 아일랜드는 맨해튼섬 동쪽, 이스트 강위에 있는 섬이다. 모양은 세로로 긴 형태로, 북쪽 끝에서 남쪽 끝까지 도보 30분 정도면 닿을 수 있는 크기. 강변을 따라 섬 한 바퀴를 돌 수 있는 산책로가 있는데, 4~5월에는 벚꽃길이 된다. 또 섬을 한 바퀴 도는 노선으로 이루어진 루즈벨트 아일랜드의 빨간 버스는 무료로 탈 수 있어 아주 편하다. 맨해튼과 퀸스 사이에 있어 양쪽의 전망을 모두 볼 수 있으며, 특히 맨해튼의 마천루를 바로 옆에서 볼 수 있어 한 번쯤은 방문해 볼 만하다. 강 위를 지나는 트램을 통해 맨해튼과 루즈벨트 아일랜드를 오갈 수 있으며, 뉴욕 지하철, 버스, 페리를 통해서 들어갈 수 있다.

 가볍게 테이크아웃 벤또를 먹기 좋은 일식집
후지 이스트 재퍼니즈 비스트로
FUJI EAST JAPANESE BISTRO [후지 이스트 재패니즈 비스트로]

주소 455 E Main St, Newyork **위치** ①지하철 F호선 Roosevelt Island역에서 도보 2분 ②루즈벨트 아일랜드 트램웨이역에서 도보 4분 **시간** 11:00~21:30 **가격** 크레이지 튜나 롤 $14, 치킨 덴푸라 $13, 스시박스 $20 **홈페이지** fujieastjapanesebistro.com **전화** 212-583-1688

작은 일식집으로, 스시, 라멘, 덴푸라 등 다양한 종류의 일식을 팔고 있다. 테라스 또는 매장 내부에서 식사할 수도 있지만, 벤또 박스를 테이크아웃 해 강변에서 식사하는 것을 추천한다.

경치 좋은 강변 공원
프랭클린 D. 루즈벨트 포 프리덤스 공원
Franklin D. Roosevelt Four Freedoms Park [프랭클린 디 루즈벨트 포 프리덤스 파크]

주소 1 FDR Four Freedoms Park, Roosevelt Island **위치** ①지하철 F호선 Roosevelt Island역에서 도보 20분 ②루즈벨트 아일랜드 트램웨이역에서 도보 15분 **시간** 9:00~17:00 **휴원** 화요일 **홈페이지** Fdrfourfreedomspark.org **전화** 212-308-6472

루즈벨트 아일랜드의 최남단에 있는 공원으로, 미국 32대 대통령이었던 프랭클린 D. 루즈벨트를 기념하고자 만들어졌다. 1941년 루즈벨트 대통령이 연설했던 네 가지 인간의 기본적 자유를 되새기기 위한 행사도 종종 열린다.

매년 다른 컬러로 물드는 야외 수영장
맨해튼 파크 풀 클럽 Manhattan Park Pool Club [맨해튼 파크 풀 클럽]

주소 36 River Rd, Newyork **위치** ①지하철 F호선 Roosevelt Island역에서 도보 13분 ②루즈벨트 아일랜드 트램웨이역에서 도보15분 **시간** 하절기만: 9:00~20:00/ 10:00~20:00(토, 일) **요금** $40(평일), $60(주말) **홈페이지** manhattanpark.com **전화** 212-308-6472

바로 옆 맨해튼 파크 아파트에 붙어 있는 야외 수영장으로, 2015년부터 매년 여름마다 수영장에 무지개 색을 입혀 칠하고 벽화를 그리는 것으로 유명하다. 해마다 디자이너와 협력해 그 해의 유행에 맞춰 조금씩 다른 컬러로 칠해진다. 거주민보다는 비싼 입장료를 지불해야 하지만, 거주민이 아닌 일반 여행객에도 열려 있다.

미드타운
맨 해 튼

Midtown Manhattan

맨해튼의 최중심부이자, 뉴욕 여행에서도 가장 중심 지역이다. 높이를 가늠할 수 없는 고층 빌딩 숲이 이어지며, 밤낮없이 인파가 몰려들어 잠들지 않는 도시라는 별명에 걸맞는 곳이다. 5번가를 중심으로 오른쪽은 이스트, 왼쪽은 웨스트로 구분할 수 있지만 한두 블록 안

Best Course

- Course1-

타임스 스퀘어
(쇼핑, 식사)

도보 10분
⬇
**Love 동상 &
Hope 동상**

도보 5분
⬇
뉴욕 현대 미술관

⬇
할랄 가이즈 (식사)
도보 5분
⬇
톱 오브 더 록

- Course2-

그랜드센트럴역 (식사)

도보 7분
⬇
뉴욕 공립도서관
도보 1분
⬇
브라이언트 공원

도보 10분
⬇
**엠파이어 스테이트
빌딩**

도보 3분
⬇
코리아타운 (식사)

에 수많은 명소들이 모여있기 때문에 미드타운 맨해튼으로 묶어 생각하는 것이 편하다. 뉴욕의 랜드마크인 타임스 스퀘어, 록펠러 센터, 엠파이어 스테이트 빌딩, 뉴욕 현대 미술관 등이 모여있어 뉴욕 여행 중 꼭 들르게 되는 지역이다.

미드타운 맨해튼

 24시간 불이 꺼지지 않는 도심 중의 도심
타임스 스퀘어 Times Square [타임즈 스퀘어]

주소 7th Ave &, W 45th St, Newyork **위치** ①지하철 7, N, Q, R, W, S호선 Times Sq-42 St역에서 도보 1분 ②지하철 N, Q, R호선 49 Street역에서 도보 1분 **홈페이지** timessquarenyc.org

빅 애플의 중심. 뉴욕의 한가운데 있는 광장이다. 42번가, 7번가, 브로드웨이가 만나는 삼각형 모양의 구역으로, 1903년 뉴욕 타임스가 이전해 오면서 타임스 스퀘어라고 불리게 됐다. 24시간 언제나 화려한 옥외 광고 전광판 덕분에 밤에도 낮처럼 밝다. 매년 12월31일에는 수많은 인파가 함께 새해 카운트다운을 하기도 하며, 맨해튼의 중심지역인 만큼 하루종일 인산인해를 이룬다.

> **Tip.**
> **타임스 스퀘어 사진 스폿**
> 전광판의 향연이 시작되는 42~43번가와 반대편 끝의 47번가 쪽에 있는 빨간 계단은 타임스 스퀘어를 한눈에 담기 가장 좋은 곳이다.

 수십 개의 뮤지컬을 볼 수 있는 공연 거리
브로드웨이 | Theater district [시어터 디스트릿]

주소 Broadway & W 42~53rd St, Newyork **위치** 타임스 스퀘어에서 도보 3~5분

원래의 '브로드웨이'는 맨해튼의 북쪽 끝에서 남쪽 끝을 비스듬하게 가로지르는 길에 붙은 이름이지만, 흔히 미국의 영화계를 할리우드라 칭하는 것처럼 미국의 연극, 뮤지컬계를 브로드웨이라 부른다. 웨스트 42번가에서 웨스트 53번가까지 이어지는 브로드웨이 극장 지역에는 수십개의 극장들이 모여 있다. 〈라이온 킹〉, 〈오페라의 유령〉, 〈위키드〉, 〈시카고〉 등 유명 뮤지컬들이 매일 열리며, 새롭게 만들어진 창작극도 찾아볼 수 있다.

> **Tip.**
> 뮤지컬 티켓은 극장 매표소에서 구입할 수도 있지만, 웹페이지를 통해 온라인 예매하는 것이 일반적이다. 미리 예매할수록 좋은 자리를 더 저렴한 가격에 구매할 수 있으며, 티케츠TKTS 부스에서 당일 미판매 티켓을 할인가에 구매하거나, 극장마다 매일 현장 또는 온라인을 통해 진행하는 티켓 로터리(복권)에 참여해 볼 수도 있다. 1년에 두 번, 한 장 가격에 두 장의 티켓을 살 수 있는 브로드웨이 위크를 활용해 보는 것도 좋다.

색깔별 캐릭터로 유명한 초콜릿 매장

엠 앤 엠즈 월드 M & M's World New York [엠 앤 엠즈 월드 뉴욕]

주소 1600 Broadway, Newyork **위치** 지하철 N, R, W호선 49 Street역에서 도보 1분 **시간** 9:00~24:00(일~목), 9:00~다음 날 1:00(금, 토) **가격** $12(캐릭터 키 링), $24.95(자유의 여신상 디스펜서), $20(머그컵 2개) **홈페이지** mms.com **전화** 212-295-3850

뉴욕주 바로 옆의 뉴저지에서 시작된 초콜릿 브랜드 엠 앤 엠즈의 매장이다. 3층까지 있으며 'm'이 새겨진 각종 초콜릿과 캔디는 물론, 빨강, 노랑, 파랑, 초록, 주황, 갈색의 마스코트 캐릭터를 활용한 상품들도 구경할 수 있다. 자유의 여신상, 아이 러브 뉴욕 등을 활용한 것들도 있어 선물용 기념품으로 좋다. 건물 바깥으로는 캐릭터의 표정이 다채롭게 바뀌는 거대한 전광판이 있어 멀리서도 쉽게 눈에 띈다.

디즈니 제품을 살 수 있는 매장

디즈니 스토어 Disney Store [디즈니 스토어]

주소 1540 Broadway, Newyork **위치** 지하철 N, R, W호선 49 Street역에서 도보 2분 **시간** 9:00~다음 날 1:00 **가격** $16.95(자유의 여신상 미니 마우스 인형), $29.95(자유의 여신상 미니 마우스 피규어) **홈페이지** stroes.shopdisney.com **전화** 212-626-2910

타임스 스퀘어 한쪽으로 크게 자리하고 있으며, 매장에 들어서자마자 뉴욕에서만 살 수 있는 자유의 여신상 미니 마우스들이 눈에 들어온다. 1층에는 미키 마우스, 겨울 왕국 같은 캐릭터들이, 2층에는 스타워즈나 어벤져스와 관련된 제품들이 주로 진열돼 있다. 인형이나 피규어뿐 아니라 문구류, 의류 등 실용적인 제품들도 있어 남녀노소 가릴 것 없이 지갑을 열게 하는 곳이다.

수많은 코스메틱 브랜드가 입점해 있는 편집 매장
세포라 SEPHORA [세포라]

주소 1535 Broadway, Newyork **위치** 지하철 N, R, W호선 49 Street역에서 도보 2분 **시간** 8:00~24:00(일~목), 8:00~다음 날 1:00(금, 토) **홈페이지** sephora.com **전화** 212-944-6789

세계 최대 수준의 화장품 편집 매장으로, 에스티로더, 입생로랑 등 다양한 브랜드는 물론 세포라 자체 브랜드도 입점해 있다. 지금은 한국에도 매장을 가지고 있지만 이전까지는 외국에서만 들을 수 있어 뉴욕에서 꼭 방문해야 할 매장 중 하나였다. 뉴욕 전역에서 쉽게 찾아볼 수 있는데, 타임스 스퀘어 지점은 매장 규모가 넓은 편에 속한다. 매장 내에서 모든 화장품을 직접 테스트해 볼 수 있으며, 메이크업 클래스 또는 가격 할인 행사도 수시로 진행하고 있다.

더블 패티가 기본인 미국 3대 버거 프랜차이즈
파이브 가이즈 FIVE GUYS [파이브 가이즈]

주소 253 W 42nd St, Newyork **위치** 지하철 A, C, E호선 42 St-Port Authority Bus Terminal역에서 도보 1분 **시간** 10:00~다음 날 2:00(일~수), 10:00~다음 날 4:00(목~토) **가격** $7.89(버거), $6.49(리틀버거), $9.49(베이컨치즈버거), $8.39(리틀베이컨치즈버거) **홈페이지** fiveguys.com **전화** 212-398-2600

미국 3대 버거로 손꼽히는 버거 프랜차이즈로, 빨간색과 흰색이 어우러진 인테리어가 상징적이다. 일반 버거, 치즈버거, 베이컨버거, 베이컨치즈버거 네 종류로 나뉘며, 기본적으로 고기 패티가 두 장 들어가며, 리틀Little버거에는 패티가 한 장 들어간다. 주문 시 버거 안에 들어갈 토핑을 직접 고를 수 있는데, 선택하기 어려울 땐 "Everything" 또는 "All the way"라고 말하면 기본 토핑을 모두 넣어 준다. 매장 입구의 땅콩은 무료로 무제한 먹을 수 있으며, 땅콩 기름에 튀긴 통통한 감자튀김도 맛있다.

하드 록 콘셉트로 꾸며진 레스토랑
하드 록 카페 Hard Rock CAFÉ [하드 락 카페]

주소 1501 Broadway, Newyork **위치** 지하철 7, S호선 Times Sq-42 St역에서 도보 2분 **시간** 레스토랑: 8:00~24:30(월~목, 일)/바: 10:30~24:30(일~목), 10:30~다음 날 1:30(금, 토)/록 숍: 8:00~24:15(일~목), 8:00~다음 날 1:15) **가격** $17.95(오리지널 레전더리 버거), $27.95(베이비 백 립) **홈페이지** hardrockcafe.com **전화** 212-343-3355

레전더리 스테이크 버거, 뉴욕 스트립 스테이크와 맥앤치즈 등 전형적인 미국 스타일의 음식을 맛볼 수 있는 레스토랑으로, 전 세계에 매장과 호텔, 카지노까지 가지고 있는 거대 프랜차이즈다. 이름처럼 하드 록과 음악에 영감을 받은 곳답게, 매장으로 들어가는 길에 지미 핸드릭스, 비틀즈 등 유명한 뮤지션들이 소장했던 옷이나 기타들이 전시돼 있다.

공상 과학 영화 콘셉트로 꾸며진 레스토랑
플래닛 할리우드 PLANET HOLLYWOOD [플래넷 할리우드]

주소 1540 Broadway, Newyork **위치** 타임스 스퀘어 가운데에서 도보 1분 **시간** 오전11:00~24:00(일~목), 11:00~다음 날 1:00(금, 토) **가격** $19(치즈버거), $34(서로인스테이크), $14(슈퍼노바 세이크) **홈페이지** planet hollywoodintl.com **전화** 212-333-7827

할리우드 영화를 테마로 한 레스토랑으로, 천장에 영화에서 보던 우주선들이 걸려 있는 등 공상 과학 영화 속에 들어온 것 같은 내부 인테리어가 특징적이다. 버거, 스테이크, 피자 등 전형적인 미국 스타일의 메뉴를 가지고 있으며, 화려한 컬러의 토핑들이 한가득 올라가는 슈퍼노바 세이크는 칼로리는 높겠지만 이곳에서만 맛볼 수 있는 디저트로, 한 번쯤은 선택해 볼 만하다.

포터 하우스 스테이크 레스토랑
울프강 스테이크하우스 WOLFGANG'S STEAKHOUSE [울프강 스테이크하우스]

주소 250 W 41st St, Newyork **위치** 지하철 7, N, Q, R, S, W호선 Times Sq-42 St역에서 도보 4분 **시간** 11:30~22:30(월~목), 11:30~23:00(금, 토), 11:30~22:00(일) **가격** $53.95(포터하우스 1인), $35(런치 쁘띠필 레미뇽) **홈페이지** wolfgangssteakhouse.net **전화** 212-921-3720

뉴욕 3대 스테이크 중 하나로 손꼽히는 스테이크 레스토랑이다. 안심과 스트립 부위를 둘 다 포함하고 있는 포터하우스 스테이크가 대표 메뉴인데, 런치 메뉴에는 포함돼 있지 않다. 이곳만의 특제 스테이크 소스가 함께 제공돼 맛을 살린다. 맨해튼 안에 여러 개의 지점이 있으며, 사람이 가장 많이 몰리는 타임스 스퀘어 지점의 경우 특히 저녁 시간에 방문할 예정이라면 꼭 온라인 예약을 해야 한다.

 뉴욕 3대 피자
조스 피자 Joe's pizza [조스 피자]

주소 1435 Broadway, Newyork **위치** 지하철 N,Q,R,W호선 Times Sq-42 St역에서 도보 1분 **시간** 10:00 ~다음 날 3:00(일~수), 10:00~다음 날 4:00(목~토) **가격** 약 $12(피자 두 조각+콜라 한 병) **홈페이지** joespizza nyc.com **전화** 646-559-4878

$3~4짜리 슬라이스 피자를 맛볼 수 있는 곳으로, 뉴욕 전역에서 찾아볼 수 있다. 유명 영화에 나오기도 했지만, 이미 오래전부터 많은 사람들과 유명 인사로부터 사랑받아 온 뉴욕의 대표적인 피자집이다. 항상 손님이 많아 매장 내부에서 서서 먹거나 박스에 포장해 들고 가기도 한다. 어떤 메뉴를 선택해도 후회하지 않을 맛이지만, 특히 치즈피자가 맛있다.

 뉴욕을 대표하는 여러 건물들의 집합
록펠러 센터 Rockefeller center [록펠러 센터]

주소 45 Rockefeller Plaza, Newyork **위치** 지하철 B, D, F, M호선 47-50 Streets Rockfeller center역에서 도보 2분 **시간** 록펠러 센터 플라자와 광장: 7:00~24:00/ 아이스링크장 8:30~24:00(10~4월) **투어요금** $25
홈페이지 rockefellercenter.com **전화** 212-332-6868

1928년 존 D. 록펠러 2세가 세운 21개의 건물들로 이루어진 복합 센터로, 록펠러 전망대라 불리는 톱 오브 더 록, 여름에는 카페, 겨울에는 아이스링크로 활용되는 로어 플라자, 미국의 3대 방송사 중 하나인 NBC 스튜디오, 세계 최대 규모의 극장인 라디오 시티 뮤직 홀 등이 있어 뉴욕 여행 중 꼭 찾게 되는 곳이다. 각 건물에는 미국 역사를 담은 벽화가 그려져 있는데, 록펠러 센터 가이드 투어에 참여하면 1시간여 동안 함께 건물 이곳저곳을 둘러보며 그림에 대한 설명도 들을 수 있다. 연말이 다가오면 커다란 크리스마스 트리가 설치돼 겨울 뉴욕의 분위기를 톡톡히 내는 곳이다.

뉴욕 도심의 대표적인 록펠러 센터 전망대

톱 오브 더 록 top of the rock [탑 오브 더 락]

주소 30 Rockefeller Plaza, Newyork 위치 지하철 B, D, F, M
호선 47-50 Streets Rockfeller center역에서 도보 2분 시간
8:00~24:00(마지막 입장 23:00) 요금 $38(어른), $32(어린이) *선
셋 타임 $10 추가/ 1일 2회(낮 & 밤) 입장 가능한 업그레이드 티켓:
$56(어른), $45(어린이) 홈페이지 topoftherocknyc.com 전화
212-698-2000

록펠러 센터 중 가장 높은 GE빌딩에 있는 전망대로, 도심 전망
을 볼 수 있고, 특히 뉴욕의 랜드마크 중 하나인 엠파이어 스테
이트 빌딩이 담긴 전망을 볼 수 있어 인기가 좋다. 커다란 통유
리의 실내 전망대인 67층, 건물 옥상에 통유리를 세워 천장은
뚫려 있는 69층과 가림막 없이 전경을 즐길 수 있는 70층 오
픈 전망대까지 총 세 개의 층으로 구성돼 있다. 당일 기상 상황
에 따라 맨 꼭대기층은 개방하지 않기도 한다. 1층 매표소에서
날씨를 공지하고 있으며, 안개가 끼는 날에는 예약된 일정을
변경하는 것이 더 좋다. 겨울에는 4시쯤, 여름에는 7시쯤 올라
가서 석양부터 야경까지 여유롭게 보는 것을 추천한다.

Tip.
톱 오브 더 록 사진 스폿
67층 전망대에서 69층으로 올라가
는 에스컬레이터로 향하는 길. 커다
란 창문 앞 창가에 걸터앉아 보자.
특히 노을 질 무렵이 베스트다.

명품 가득 채워진 유명 백화점
삭스 피프스 애비뉴
Saks Fifth Avenue [삭스 피프스 애비뉴]

주소 611 5th Ave, Newyork 위치 ①지하철 B, D, F, M
호선 47-50 Streets Rockfeller center역에서 도보 5
분 ②지하철 E, M호선 5 Avenue/53 St역에서 도보 5분
시간 10:00~20:30(월~토), 11:00~19:00(일) 홈페이지
saksfifthavenue.com 전화 212-753-4000

1층부터 8층까지 꽤 큰 규모의 백화점으로, 유명 브랜드
들과 백화점 자체 브랜드가 입점해 있다. 세일 기간에는
고가 브랜드의 제품들도 큰 폭으로 할인하기 때문에 구
매하지 않더라도 한 번 들러 볼 만하다. 크리스마스 시즌
에는 오후 4시 30분부터 10분 간격으로 백화점 건물 바
깥에서 음악과 조명이 어우러지는 라이트닝 쇼를 하기도
한다. 록펠러 센터 바로 옆에 있어 록펠러 센터의 크리스
마스 트리와 함께 연말 뉴욕을 느낄 수 있는 최적의 동선
에 포함된다.

뉴욕 도심 속 고딕 양식의 대성당
세인트 패트릭 대성당 ST PATRICK'S CATHEDRAL [세인트 패트릭스 캐세드럴]

주소 5th Avenue between 50th/51st Streets, Newyork **위치** ①지하철 B, D, F, M호선 47–50 Streets Rockfeller center역에서 도보 5분 ②지하철 E, M호선 5 Avenue/53 St역에서 도보 4분 **예배 시간** 7:00~8:30, 12:00~13:30, 17:30~18:30 *여행객은 예배 시간 입장 불가 **요금** $20~25(가이드 투어), 무료입장 **홈페이지** saintpatrickscathedral.org **전화** 212-753-2261

뉴욕의 중심부에 있는 성당으로, 1800년대 중후반 고딕 양식으로 지어졌다. 입구에서 보이는 높은 첨탑은 100m 높이로 큰 규모를 자랑한다. 성당 내부는 하얀 대리석과 화려한 스테인드글라스, 꽃과 잎 등에서 모티브를 받은 천장으로 꾸며져 있다. 평일에는 30여 분 동안 설명을 들을 수 있는 가이드 투어도 진행한다. 세인트 패트릭 데이에는 초록색 옷과 모자를 쓴 사람들로, 부활절 퍼레이드에는 꽃 장식을 단 사람들로 성당 앞이 가득 찬다.

뉴욕 여행에서 꼭 배경 사진으로 찍는 상징물
LOVE 동상 & HOPE 동상 LOVE & HOPE

주소 200 W 53rd St, Newyork / W 55th St & 6th Ave, Newyork 위치 ①타임스 스퀘어에서 도보10분 ②뉴욕 현대 미술관에서 도보 5분

뉴욕 여행 중 꼭 찍는 인증 사진 중 하나가 고층 빌딩 숲 빨간 LOVE 글자 앞에서 찍는 사진이었다. 그런데 2019년 5월, LOVE 조형물이 보수 등의 이유로 갑자기 사라지면서 세 블록 옆의 HOPE 조형물이 각광받기 시작했다. 2014년부터 자리를 지켜 온 HOPE 조형물은 53번가와 7번가 사이에 있다.

무슬림 할랄 방식의 길거리 음식
할랄 가이즈 THE HALAL GUYS [더 할랄 가이즈]

주소 West 53rd Street &, 6th Ave, Newyork 위치 지하철 F, M호선 57 Street역에서 도보 3분 시간 10:00~다음 날 4:00(일~목), 10:00~다음 날 4:30(금, 토) 가격 $9(플래터 레귤러), $7(스몰) 홈페이지 thehalalguys.com 전화 347-527-1505

뉴욕에서 꼭 먹어봐야 할 길거리 음식으로 손꼽히는 것으로, 대로변의 푸드 트럭에서 팔고 있다. 선명한 노란색과 빨간색 덕분에 찾기 쉽다. 무슬림의 할랄 방식을 거친 재료를 활용해 만든 할랄 푸드를 팔고 있으며, 닭고기와 소고기가 함께 들어간 콤보 플래터가 대표적이다. 레귤러 사이즈 한 개로 2인의 식사가 가능할 정도로 양이 많으며, 야채, 밥, 고기, 소스가 어우러져 미국 정통 음식들보다 비교적 친숙한 맛을 느낄 수 있다. 입이 얼얼해지는 매운맛의 레드 소스와 화이트소스를 함께 뿌려 비벼먹으면 된다.

뉴욕의 가장 대표적인 현대 미술관
뉴욕 현대 미술관 MoMA, The Museum of Modern Art [더 뮤지엄 오브 모던 아트]

주소 11 W 53rd St, Newyork **위치** ①지하철 F, M호선 57 Street역에서 도보 3분 ②지하철 E, M호선 5 Avenue/53 St역에서 도보 4분 **시간** 10:00~17:30/ 10:00~21:00(매주 금, 매월 첫째 주 목) **휴관** 추수감사절, 크리스마스 **요금** $25(어른), $18(65세 이상과 장애인, 신분증 필수), $14(학생), 무료(16세 이하), 무료입장(매주 금요일 17:30~21:00) **홈페이지** moma.org **전화** 212-708-9400

1929년에 문을 연 세계적인 현대 미술관으로, 빈센트 반 고흐, 파블로 피카소, 앙리 마티스 등 근대 예술의 걸작들부터 팝 아트를 대표하는 앤디 워홀의 '캠벨 수프 깡통' 등 유명한 현대 작품들까지 15만 점 이상을 소장하고 있다. 전시뿐 아니라 건물 자체도 아름답고 카페와 음식점도 훌륭해 문화 휴식 공간의 역할도 하고 있다. 최근 90주년을 맞이해 3개월 동안 건물 확장 공사를 거쳐 무용, 음악 공연을 함께할 수 있는 스튜디오 갤러리를 새로 만들기도 했다. 매주 금요일 오후 5시 30분부터 9시까지는 UNIQLO Free Friday Nights 행사로 무료입장이니, 20~30분 전 미리 줄을 서는 것이 좋다.

뉴욕 쇼핑의 중심지
5번가 Fifth Avenue [피프스 애비뉴]

주소 E 42~60th St & 5 Av, Newyork 위치 ①지하철 E, M호선 5 Avenue/53 St역에서 도보 5분 ②지하철 N, R, W호선 5 Avenue역에서 도보 3분

뉴욕의 대표적인 쇼핑거리 중 하나로, 5번가fifth avenue 의 42번가부터 60번가까지를 일컫는다. 주로 고가의 명품 브랜드 매장들이 밀집해 있는 57번가 사거리를 피프스 에비뉴의 중심으로 부르며, 불가리, 펜디, 구찌, 살바토레 페라가모, 까르티에, 반 클리프 앤 아펠, 루이비통, 버버리, 프라다 등이 자리하고 있다. 화려한 쇼 윈도우 디스플레이로 유명한 버그도프 굿맨 백화점도 이곳에 있다.

티파니에서 아침을, 브런치 카페
더 블루박스 카페 The blue box café [더 블루박스 카페]

주소 727 5th Ave 4th Floor, Newyork 위치 지하철 N, R, W호선 5 Avenue역에서 도보 4분 시간 월~토: 10:00(입장 마감 17:30)/ 일: 12:00~16:00(입장 마감 16:00) 가격 $32(브런치), $42(런치 2코스), $52(애프터눈 티 세트) 홈페이지 tiffany.com/blue-box-cafe 전화 212-605-4270

주얼리 브랜드 티파니 앤 코에서 운영하는 카페로, 티파니 매장의 4층에 있다. 카페로 들어가기 전, 4층 플래그십 스토어에서 식기, 반려동물용품, 스카프 등 여러 아이템을 구경하는 재미도 쏠쏠하다. 방문 한 달 전, 티파니 공식 홈페이지를 통해 예약해야만 입장할 수 있는데, 미국 동부 시각 오전 9시에 예약 페이지가 열리며 예약은 굉장히 치열하다. '티파니에서 아침을'이라는 브런치 세트와 티파니 티 세트가 대표적이며, 매장에서 현금 결제는 불가하다.

다양한 크림치즈와 토핑의 베이글
에싸 베이글 Ess-a-Bagel [에싸 베이글]

주소 831 Third Ave, Newyork **위치** 지하철 E, M호선 Lexington Av-53 St역에서 도보 2분 **시간** 6:00~21:00(월~금), 6:00~17:00(토~일) **가격** $13.45(시그니처 베이글), $6.05(비엘티에이) **홈페이지** ess-a-bagel.com **전화** 212-980-1010

뉴욕 3대 베이글 맛집 중 하나로, 베이글을 주로 팔고 있지만 브라우니, 케이크류도 몇 종류 팔고 있다. 다양한 맛의 크림치즈를 포함해 닭가슴살, 햄, 토마토, 참치, 으깬 감자, 샐러드류 등 수많은 토핑을 선택할 수 있다. 직접 원하는 걸 하나하나 불러 만들어 달라고 할 수도 있고, 에싸 페이브즈ESS-A-FAVES 메뉴판에 있는 추천 메뉴를 구매할 수도 있다. 어니언베이글에 딸기크림치즈, 연어를 추가하면 상큼한 맛의 베이글을 즐길 수 있다.

멋진 지붕을 가진 사무용 고층빌딩
크라이슬러 빌딩 Chrysler building [크라이슬러 빌딩]

주소 405 Lexington Ave, Newyork **위치** 지하철 4, 5, 6, 7, S호선 Grand Central-42 St역에서 도보 1분
홈페이지 tishmanspeyer.com **전화** 212-682-3070

미드타운 빌딩 숲을 걷다 보면 일직선으로 뻗어 있는 고층 건물들 사이로 옥상에 뾰족하게 첨탑이 세워진 건물이 보인다. 밤에는 조명도 예쁘게 켜져서 눈에 띄는 크라이슬러 빌딩은 1931년 엠파이어 스테이트 빌딩이 지어지기 전까지는 세계에서 가장 높은 빌딩이었다. 그 전까지는 에펠탑을 넘는 높이의 건물이 없었기 때문에, 약 304m 이상 높이의 건물은 경이로운 수준이었다. 미국의 3대 자동차 회사 크라이슬러의 창립자 월터 크라이슬러에 의해 세워졌지만, 본사 건물로 쓰인 적은 없다.

UN 본부가 둘러보고 싶다면 사전 예약은 필수
국제 연합 본부 United Nations Headquarters [유나이티드 네이션스 헤드쿼터]

주소 46th St & 1st Ave, Newyork **위치** ①지하철 4, 5, 6, 7, S호선 Grand Central-42 St역에서 도보 10분 ②버스 M15 타고 1 Avenue & East 45 Street 정류장 하차 **시간** 9:00~16:45(월~금) **요금** 가이드 투어: $20(어른), $13(60세 이상+13세 이상 학생, 신분증 필수), $11(5~12세, 보호자 필수) *5세 이하는 입장 불가, 2020년부터 $2 상향(5~12세는 $1 상향) **홈페이지** visit.un.org **전화** 212-963-8687

세계 2차 세계 대전이 끝난 뒤 세계 평화를 위해 설립된 국제 기구, 국제 연합의 본부로, 존 D. 록펠러 주니어의 후원을 받아 이스트EAST 42번가와 47번가 사이에 세워졌다. 매년 9월부터 12월까지 UN 총회가 열리는 건물, 컨퍼런스 홀, 사무국, 함마르셸드 도서관 총 네 개로 이루어져 있다. 유엔 본부 가이드 투어를 통해서만 내부를 둘러볼 수 있으며, 영어로는 상시 진행되지만 한국어 가이드 투어를 원한다면 미리 웹사이트에서 스케줄을 체크해 예약하는 것이 좋다.

아름다운 중앙 기차역
그랜드센트럴 터미널 GRAND CENTRAL TERMINAL [그랜드 센트럴 터미널]

주소 89 E 42nd St, Newyork 위치 지하철 4, 5, 6, 7, S호선 Grand Central-42 St역에서 바로 홈페이지
grandcentralterminal.com 전화 212-340-2583

맨해튼 중심에 있는 기차역으로, 44개의 승강장과 67개의 선로를 가진 세계에서 가장 큰 기차역이다. 규
모가 클 뿐 아니라 성당이나 박물관에 온 것처럼 아름답고 화려하게 만들어져 있는데, 파리 오페라 빌딩 느
낌의 계단들로 연결된 중앙 홀 천장에는 프랑스 예술가 폴 세자르가 그린 12궁 별자리 그림들이 조명과
함께 빛나고 있다. 애플 스토어, 쉑쉑버거, 매그놀리아, 미쉐린 3스타 레스토랑 아젠Agern 등 다양한 상점
과 음식점들도 찾아볼 수 있다.

Tip.

그랜드 센트럴역의 비밀 Whispering Gallery

중앙 홀에서 지하로 내려가는 길, 오이스터 바 & 레스토랑 앞쪽으로 돔
천장과 네 개의 기둥이 있다. 한쪽 기둥에서 벽을 향해 말을 하면, 그 반대
쪽 대각선 기둥 밑으로 소리가 전해져 들린다. 신기하고 로맨틱해 많은
여행객들에게 웃음을 주는 공간이다.

그랜드 센트럴 사진 스폿

그랜드 센트럴역 내부 한가운데는 언제나 인기 있는 사진 스폿이다. 하
지만 역 바깥에 또 다른 멋진 스폿이 있다. 이스트 42번가 방향으로 빠
져나와 굴다리를 건넌 뒤 오른쪽으로 조금 걷다가 그랜드 센트럴역 쪽
을 바라보자. 역 건물과 도로를 달리는 택시를 배경으로 뉴욕스러운 사
진을 찍을 수 있다.

좋은 퀄리티의 푸드 코트
어반스페이스 밴더빌트 Urbanspace vandebilt [어반스페이스 밴더빌트]

주소 East 45th &, Vanderbilt Ave, Newyork **위치** ①그랜드 센트럴 터미널 바로 옆 ②지하철 4, 5, 6, 7, S호선 Grand Central-42 St역에서 도보 2분 **시간** 6:00~21:00(월~금), 9:00~17:00(토~일) *수~금요일에는 22:00까지 문을 연상점도 있음 **홈페이지** urbanspacenyc.com **전화** 646-747-0810

20여개의 음식점들이 소규모 푸드 코트 형태로 입점해 있는 곳이다. 베이커리 숍 오브리, 토비스 에스테이트 커피, 로베르타 피자 등 브루클린에서 유명세를 얻은 맛집이 주를 이루며, 빵, 타코, 해산물, 샐러드볼, 아시안 푸드 등 다양한 음식들을 맛볼 수 있어 도심 여행 중 편하게 식사하기 좋은 곳이다.

도심 속 작은 피자집
리틀 이태리 The original little Italy [디 오리지널 리틀 이태리]

주소 1 East 43rd Street, Newyork **위치** ①그랜드 센트럴 터미널 한 블록 옆 ②지하철 4, 5, 6, 7, S호선 Grand Central-42 St역에서 도보 5분 **시간** 9:30~20:30(월~목), 9:30~19:30(금) **휴무** 토, 일요일 **가격** $3.25~$5.25(피자 1조각) **홈페이지** little italyon43rd.com **전화** 212-661-1425

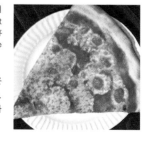

큰 대리석 건물에 조그맣게 자리 잡고 있는 피자집이다. 얇고 넓은 도우의 미국식 피자 대신 이탈리아 스타일의 피자를 맛볼 수 있다. 1960년대부터 운영해 온 곳이다. 조각 피자는 $3~5 사이이며, 파스타, 샐러드, 치킨 윙 등 다른 메뉴도 함께 팔고 있다.

 미술관처럼 아름다운 공공 도서관
뉴욕 공립 도서관 THE NEWYORK PUBLIC LIBRARY [더 뉴욕 퍼블릭 라이브러리]

주소 476 5th Ave, Newyork 위치 ①지하철 B, D, F, M호선 42St-Bryant Park역에서 도보 2분 ②지하
철 7호선 5 Avenue-Bryant Park역에서 도보 1분 시간 10:00~17:45(월, 목~토), 10:00~19:45(화, 수),
13:00~16:45(일) 휴관 공휴일 홈페이지 nypl.org 전화 917-275-6975

세계 5대 도서관 중 하나로 꼽히는 도서관으로, 도서관 앞의 대리석 계단을 지키는 사자상은 인내와 불굴
의 정신을 상징한다. 도서관 내부에는 여러 개의 열람실이 있는데, 고풍스러운 인테리어와 벽에 걸린 그림
들 덕분에 박물관에 온 것 같은 느낌을 준다. 3,800만 점이 넘는 도서와 소장품이 진열돼 있으며, 특히 세
익스피어의 첫 작품집 등 희소가치가 있는 컬렉션도 볼 수 있다. 3층 열람실, 기념품 숍과 지하 어린이 도
서관은 한 번 들러볼 만하다.

 영화에도 자주 나왔던 아름다운 도심 공원
브라이언트 공원 BRYANT PARK [브라이언 파크]

주소 476 5th Ave, Newyork 위치 ①지하철 B, D, F, M호선 42St-Bryant Park역에서 도보 1분 ②지하철 7호선 5 Avenue-Bryant Park역에서 바로 시간 1~2월, 4월, 10~12월: 7:00~22:00/ 3월: 7:00~22:00(윈터 빌리지 시즌), 7:00~22:00(윈터 빌리지 시즌 후)/ 5월:7:00~23:00/ 6~9월: 7:00~24:00(월~금), 7:00~23:00(토, 일) 홈페이지 bryantpark.org 전화 212-768-4242

뉴욕 공립 도서관 뒤편에 있는 공원으로, 타임스 스퀘어와도 가까운 도심 공원이다. 언제 찾아도 여유롭고 아름다운 공간으로, 근처 카페에서 커피 한 잔 들고 걷다가 벤치에 앉아 있기에 훌륭하다. 수시로 요가나 펜싱 클래스가 열리고, 여름 밤에는 영화를 상영하는 무비 나이트 행사가 있으며, 겨울에는 크리스마스 마켓과 아이스링크장이 개장해 연말 분위기를 더한다.

 스타벅스만큼 유명한 파란 병 로고의 커피 전문점
블루보틀 커피 Blue bottle coffee [블루보틀 커피]

주소 54 w 40th st, Newyork 위치 ①지하철 B, D, F, M호선 42 St-Bryant Park역에서 도보 1분 ②지하철 7호선 5 Avenue-Bryant Park역에서 2분 시간 6:30~19:30(월~금), 6:30~19:00(토, 일) 휴무 추수감사절, 크리스마스, 신년 가격 $5(카페라테), $4.25(뉴올리언스) 홈페이지 bluebottlecoffee.com 전화 510-653-3394

한국에 1호점이 생길 때 대란이 일기도 했던 카페로, 하얀 바탕에 파란색 병 모양 로고가 상징적이다. 뉴욕 전역에서 지점을 찾아볼 수 있으며, 브라이언 파크 바로 옆에도 있어 공원에서의 커피 한 잔을 즐길 수 있다. 가장 인기 있는 커피는 라테 타입의 뉴올리언스며, 원두나 커피용품도 기념품으로 많이 사는 편이다.

도심 속 야트막한 루프 톱 레스토랑

리파이너리 루프 톱 Refinery rooftop [리파이너리 루프톱]

리파이너리 호텔에 있는 루프 톱으로, 예쁘게 꾸며져 있어 인기가 좋다. 그렇게 높지 않아 도심 전경을 내려다보기보다는 도심 속 루프 톱에서 분위기 있는 식사를 즐기기 좋은 곳이다.

주소 63 W 38th St, Newyork　**위치** 지하철 B,D,F,M호선 42St-Bryant Park 역에서 도보 2분　**시간** 오전11시30분~새벽1시, 금토~새벽3시　**가격** 미트볼 $15, 플랫브레드 $18, 칵테일 $16~18　**홈페이지** refineryrooftop.com　**전화** 646-664-0372

©Refinery

뷰가 좋은 루프 톱 바

톱 오브 더 스트랜드
Top of the strand [탑 오브 더 스트랜드]

규모는 비교적 작지만 엠파이어 스테이트 빌딩이 바로 보이는 멋진 전망을 가지고 있어 인기 있는 곳이다. 20층에 있으며, 사람이 많을 땐 좋은 자리를 위해 기다릴 만한 가치가 있다.

주소 33 W 37th St, Newyork　**위치** 지하철 B, D, F, M호선 42St-Bryant Park역에서 도보 5분　**시간** 17:00~24:00(일~월), 17:00~다음 날 1:00(화~토)　**가격** $13(립), $6(칩스), $15(칵테일), $9(맥주)　**홈페이지** topofthestrand.com　**전화** 646-664-0372

넓은 규모의 루프 톱 바

230 피프스 루프 톱 바 230 fifth Rooftop bar [투헌드레드써리 피프스 루프톱 바]

여행객들에게 가장 많이 알려져 있으며, 엘리베이터에서 내린 뒤 계단을 한 번 더 올라가면 된다. 뉴욕에서 가장 넓은 규모의 루프 톱으로, 여름에는 파라솔이, 겨울에는 난로와 담요가 비치돼 있어 야외지만 편하게 즐길 수 있다. 엠파이어 스테이트 빌딩을 마주하고 있으며, 높이도 꽤 높아 이미 많이 알려져 있음에도 방문하게 되는 곳이다.

주소 230 5th Ave, Newyork **위치** 지하철 N, Q, R, W호선 28 St Broadway역에서 도보 3분 **시간** 14:00(월~금), 10:00~16:00(토, 일 브런치) **가격** $7(프렌치프라이), $6(맥주), $7(와인), $8(칵테일) **홈페이지** 230-fifth.com **전화** 212-725-4300

> **Tip.**
> **한국에선 되지만 미국에선 안 되는 것**
> 미국에서는 만 21세부터 음주가 가능하다. 때문에 한국 나이로 20~22세의 성인들이 미국에서는 루프 톱 바의 입장조차 허락되지 않는 경우가 있으니 미리 참고하자. 더불어 동양인의 나이를 잘 가늠하지 못하는 경우가 많아 루프 톱이나 술집에 방문할 때에는 꼭 여권을 지참하는 것이 좋다. 또 미국에서는 야외에서 술을 마시는 것도 여권을 지참하는 것이 좋다.

32번가 코리아타운 Koreatown

주소 West 32nd Street & 5th Avenue, Newyork 위치 ①지하철 B, D, F, M, N, Q, R, W호선 34 St-Herald Sq역에서 도보 3분 ②지하철 4, 6호선 33 Street역에서 도보 3분

맨해튼 도심을 걷다가 어느 순간 어디서 많이 본 간판들이 보이기 시작하고, 한글이 등장하기 시작하면 그곳이 바로 맨해튼 32번가 코리아타운이다. 뉴욕 인근, 재외 동포들이 거주하는 진짜 한인 타운은 퀸즈의 플러싱, 뉴저지의 포트 리와 팰리사이드 파크에 있지만, 이곳은 떡볶이, 냉면, 삼겹살, 찌개류 같은 한식을 맛볼 수 있고, 한국 화장품 브랜드, 한국의 식자재를 살 수 있는 Hmart가 있는 도심 속 작은 한국이다. 수년 전까지만 해도 고향이 그리운 한국인들을 위한 거리였지만, 요즘은 뉴욕 현지인들이나 외국인 여행객들도 많이 찾아볼 수 있다. 로마에서는 로마의 법을 따르듯, 한식집이지만 뉴욕은 뉴욕. 식사 후 팁은 별도로 지불해야 한다.

 뉴욕에서 삼겹살을 먹고 싶다면
강호동 백정 Baekjeong NYC [백정 엔와이씨]

주소 1 E 32nd St, Newyork 시간 11:30~다음 날 1:00(일~목), 11:30~다음 날 5:00(금~토) 홈페이지 foodgallery32nyc.com 전화 212-967-1678

이 거리에 오래 있었던 대표적인 삼겹살집으로, 내부 공간도 넓어 일행이 많을 때 가기 좋다. 케이팝이 흘러 넘치며, 외국인도 많이 찾는 곳이다.

아시안 푸드 코트
푸드 갤러리 32 Food gallery 32 [푸드갤러리 써리투]

주소 11 W 32nd St, Newyork 시간 11:00~23:00 홈페이지 foodgallery32nyc.com 전화 212-967-1678

아시안 푸드 위주의 푸드 코트로, 한식당이 많이 들어와 있고 비교적 저렴한 가격으로 식사할 수 있어 여행 중 한국 음식이 생각날 때 찾으면 좋다.

퓨전 한식 레스토랑
테이크 31 Take 31 [테이크써리원]

주소 15 E 31st St, Newyork 시간 점심: 11:30~14:30(월~금)/저녁: 17:30~24:00(일~수), 17:30~다음날 2:00, 17:30~다음 날 3:00/브런치:11:30~14:30(토, 일) 홈페이지 mytake31.com 전화 646-398-9990

사이드 음식으로 나오는 떡볶이가 무한 리필인 천국 같은 레스토랑이다. 해물 라면, 인절미 삼겹살, 닭강정 등 메인 메뉴들도 매우 맛있었다.

순두부찌개 전문점
북창동 순두부
BCD tofu house [비씨디 토푸하우스]

주소 5 W 32nd St, Newyork **시간** 9:30~다음 날 3:00(일~수), 9:30~다음 날 5:00(목), 9:30~다음 날(금~토) **홈페이지** bcdtofuhouse.com **전화** 212-967-1900

미국 한인 타운의 대표적인 음식점 중 하나로, 한 그릇 $15 정도의 순두부찌개를 맛볼 수 있다. 한국 물가를 생각하면 마음이 쓰리지만 장기 여행 중 속을 달래기엔 얼큰한 순두부만 한 게 없다.

깔끔한 한식 한 끼
핸섬 라이스 Handsome rice [핸섬라이스]

주소 133 E 31st St, Newyork **시간** 11:00~21:00 **휴무** 일요일 **홈페이지** handsomerice.com **전화** 917-965-2944

핑크색의 예쁜 인테리어 매장으로, 비빔밥, 갈비, 제육볶음 등 깔끔하고 건강한 한식을 판다. 도시락으로 테이크아웃도 가능해 여행 중 편하게 먹기 좋다.

헬스 키친 Hell's Kitchen

주소 West 41~52nd Street & 9~10th Avenue, Newyork **위치** ①지하철 A, C, E호선 50 Street역에서 도보 10분 ②지하철 A, C, E호선 42 St-Port Authority Bus terminal역에서 도보 10분

미드타운에서 브로드웨이를 지나 허드슨강변까지의 구역으로, 19세기까지는 일반적인 노동계층의 거주 지역이었지만 지금은 '요리' 하면 떠오르는 곳이 됐다. 맨해튼 도심의 식당들이 빠르게 생기고 없어지는 동안 꾸준히 한곳을 지켜 온 식당들이 많은 편이다.

건강한 수제 버거
베어버거 Bareburger [베어버거]

주소 366 W 46th St, Newyork **시간** 11:00~23:00(일~목), 11:00~24:00(금~토) **홈페이지** bareburger.com **전화** 212-673-2273

신선한 재료를 활용하는 것으로 유명한 수제 버거 집으로, 채식주의자를 위한 비건 버거도 판매하고 있다. 인기가 좋아 매장 앞에서 조금 기다려야 할 수도 있다.

문 앞에 돼지 인형이 서 있는 바
루디스 바 앤 그릴 RUDY'S BAR & GILL [루디스 바 앤 그릴]

주소 627 9th Ave, Newyork **시간** 8:00~다음 날 4:00(월~토), 12:00~다음 날 4:00(일) **홈페이지**
rudysbarnyc.com **전화**646-707-0890

1919년 오픈해 100년의 역사를 지나는 동안 수많은 유명 인사들이 다녀간 곳이다. 가벼운 음식과
술을 즐길 수 있는 곳으로, 음료를 시킬 때마다 핫도그 하나를 무료로 주는 것이 특징이다.

현지인이 사랑하는 태국 음식점
퓨어 타이 쿡하우스 Pure Thai Cookhouse [퓨어 타이 쿡하우스]

주소 766 9th Ave #2, Newyork
시간 오전11시30분~오후10시30
분, 금토~오후11시30분 **홈페이지**
purethaicookhouse.com **전화**
212-581-0999

인기 있는 태국 음식점으
로, 가게 내부 공간은
좁지만 팟타이를 비
롯한 음식은 맛있는
편이다. 대부분 늘 사
람이 많다.

 한국스러운 맛도 있는 포케
레드 포케 Red poke [레드 포케]

주소 600 9th Ave, Newyork 시간 오전8시~오후10시 홈페이지 redpoke.com 전화 212-974-8100

합리적인 가격과 신선한 맛의 하와이안 볼, 포케를 먹을 수 있는 곳이다. '서울'이라는 이름의 불고기 비빔밥 메뉴도 있다.

첼 시
C h e l s e a

맨해튼에서 가장 여유롭고 트렌디한 곳을 꼽으라면 아마 많은 사람들이 첼시를 떠올릴 것이다. 19세기까지 소고기 유통 단지나 공장으로 활용되던 건물이 지금은 멋진 타운하우스와 아트 갤러리로 개조됐다. 하이패션 부티크, 트렌디한 바와 클럽, 레스토랑들을 쉽게 찾아볼 수 있다. 특히 허드슨 강변을 따라

Best Course

휘트니 미술관

도보 7분

⊘

첼시 마켓(점심 및 디저트)

도보 1분

⊘

더 하이 라인

도보 20분

⊘

베슬(쇼핑 및 저녁)

Tip.

남북으로 길게 뻗은 더 하이 라인이 주요 포인트들을 연결한다. 휘트니 미술관에서 미국 근대 미술을 만나 보고, 첼시 마켓에서 배를 채운 뒤, 더 하이 라인을 따라 핫 플레이스인 황금빛 인공 산 베슬로 향해 보자.

길게 뻗어 있는 하이라인 파크는 폐쇄돼 철거 위기에 있던 철도를 공원으로 바꾼 것으로, 세계적으로 성공적인 도시 재생 모델로 꼽히기도 한다. 널찍한 도로와 높은 건물 덕분에 도심의 분위기를 놓치지 않으면서도 한적한 라이프 스타일을 즐길 수 있는 지역이다.

145

첼시

Lincoln Tunnel

Lincoln Tunnel

W 41st St

W 37th St

12th Ave

W 34th St

W 35th St

W 36th St

34 Street-Hudson Yards
Subway Station

베슬
Vessel

W 33rd St

Twins Irish Pub

W 30th St

Porchlight

11th Ave

9th Ave

Frying Pan

W 27th St

Chelsea Park

Billymark's West

Chelsea Waterside Park

더 하이 라인
THE HIGH LINE

W 25th St

W 23rd St

W 27th

11th Ave

W 22nd St

더 하이 라인 호텔
The highline hotel

23 Street Station

W 20th St

9th Ave

8th Ave

23 Street Station

10th Ave

W 19th St

첼시 마켓
Chelsea Market

더 스탠다드 하이라인
The standard highline

삼성 837
Samsung 837

드림 다운타운
dream downtown

스타벅스 리저브 로스터리
Starbucks Reserve Roastery

W 17th St

7th Ave

14 Street Station

휘트니 미술관
Whitney museum of American art

W 14th St

W 13th St

Greenwich St

스크리밍 미미 빈티지
Screaming Mimis Vintage

W 16th St

6th Ave

14 Street Station

West St

West 4th Street

Greenwich Village

W 13th St

북마크
Bookmarc

매그놀리아 베이커리
Magnolia Bakery

블루스톤 레인
Bluestone Lane

Washington St

아페쎄 서플러스
A.P.C. Surplus

스몰스
Smalls

메즈로우 재즈 클럽
Mezzrow Jazz Club

팻캣
Fat Cat

 떠오르는 뉴욕의 핫 랜드마크
베슬 VESSEL [베셀]

주소 The Shops and Restaurants at Hudson Yards, Newyork 위치 지하철 7호선 34th St-Hudson yards Subway 역에서 도보 1분 시간 10:00~21:00 요금 입장권:무료(2주 전에 예매 필수)/ 플렉스 패스: $10(180일 동안 사용 가능) 홈페이지 www.hudsonyardsnewyork.com/discover/vessel(사전 예약) 전화 646-954-3100

가장 최근에 생긴 뉴욕의 랜드마크 중 하나로, 허드슨 야드 재개발 프로젝트의 일환으로 만들어진 인공 산이다. 구리로 만들어져 해가 질 무렵에는 황금색으로 빛난다. 총 2,500개의 계단으로 이루어져 있고, 16층까지지만 꼭대기까지 걸어 올라가는 것이 힘들지는 않다. 걷기 불편한 사람을 위한 엘리베이터도 한쪽에 마련돼 있다. 해가 지고 나면 조명을 켜 주기 때문에 밤에 방문해도 특별한 뷰를 볼 수 있다. 바로 앞의 허드슨 야드 쇼핑몰에는 다양한 매장들과 레스토랑이 입점해 있어 함께 방문하기 좋다.

 철로를 개조한 도심 속 산책로
더 하이 라인 THE HIGH LINE [더 하이라인]

주소 W 12~30st & 10th Ave, Newyork 위치 ①지하철 A, C, E, L호선 14 Street역에서 도보 8분 ②지하철 A, C, E호선 23 Street역에서 도보 7분 ③지하철 7호선 34th St-Hudson Yards역에서 도보 7분 시간 오전7시~오후11시 홈페이지 thehighline.org 전화 212-500-6035

첼시 지역을 세로로 잇는 고가 다리로, 9m 높이에 조성된 공원 산책로다. 1900년대 화물을 운반하던 철로였으나, 1980년 철도 운행이 멈춘 후 버려져 있던 것을 2000년부터 약 10년에 걸쳐 설계하고 조성해 2009년에 공원으로 문을 열었다. 약 2.5km에 달하는 긴 산책로 위에 500종 이상의 다양한 식물과 나무들이 자라고 있다. 허드슨 강변과 맨해튼 도심을 내려다보기에도 좋고, 위아래를 오가며 첼시 지역을 여행하기에도 좋기 때문에 꼭 찾게 되는 곳이다.

 투박한 벽돌 건물 속 고급스러운 마켓
첼시 마켓 CHELSEA MARKET [첼시 마켓]

주소 75 9th Ave, Newyork   위치 지하철 A, C, E, L호선
14 Street역에서 도보 8분 시간 7:00~22:00(월~토), 8:00
~20:00(일) *일부 상점은 늦게 오픈함 홈페이지 chelsea
market.com 전화 212-652-2111

첼시 지역의 다른 건물들처럼 공장을 개조해 만든 대형 식품 매
장이다. 과일, 야채, 해산물, 와인, 커피, 치즈 등의 식료품을 판
매하는 가게들이 입점해 있고, 푸드 코트에는 수십 개의 레스토
랑이 모여 있는데, 처음부터 고급스러운 콘셉트를 가지고 시작
한 마켓여서 꽤 퀄리티 좋은 음식을 맛볼 수 있다. 음식뿐 아니
라 꽃집, 서점, 소품숍들도 들어와 있어 구경할 것들도 많다.

싱싱한 해산물 마켓
랍스터 플레이스 Lobster Place [랍스터 플레이스]
주문하면 랍스터를 통째로 바로 쪄서 내어 준다. 철제 테이블에 앉아 비닐장갑을 끼고 바로 뜯어 먹는 맛이 있어 인기가 좋다.

시간 7:00~다음 날 2:00(월~토), 8:00~22:00(일) **홈페이지** lobsterplace.com **전화** 212-255-5672

미국 정통 버거 전문점
크림라인 CREAMLINE [크림라인]
버거와 샌드위치류, 셰이크를 파는 전형적인 미국 스타일의 버거점으로, 치즈버거가 대표 메뉴다. 아이스크림도 맛있다.

시간 7:00~다음 날 2:00(월~토), 8:00~22:00(일) **홈페이지** creamlinenyc.com **전화** 646-410-2040

한글이 쓰여 있는 누들 바
먹바 Mok·bar [먹바]
한국식과 일본식을 조합한 라면 전문점이다. 메뉴판과 점원들의 티셔츠에 한글이 쓰인 재미있는 곳이다. 밥, 라면, 김치 메뉴를 맛볼 수 있다.

시간 7:00~다음 날 2:00(월~토), 8:00~22:00(일) **홈페이지** mokbar.com **전화** 646-775-1169

선물하기 좋은 브라우니 가게
팻 위치 베이커리 Fat Witch Bakery [팻위치베이커리]

브라우니 하나로 유명해진 베이커리로, 다양한 맛과 컬러의 브라우니를 맛볼 수 있다. 레시피북, 베이킹믹스도 팔고 있고, 포장도 아기자기해 기념품으로 적합하다.

시간 7:00~다음 날 2:00(월~토), 8:00~22:00(일) **홈페이지** fatwitch.com **전화** 212-807-1335

빈티지, 에스닉한 스타일의 패션 브랜드점
앤트로폴로지 ANTHROPOLOGIE [앤트로폴로지]

에스닉한 무드의 의류, 액세서리, 인테리어 소품들을 파는 편집 매장으로, 매장이 꽤 넓어 구경할 것들이 많다.

시간 7:00~다음 날 2:00(월~토), 8:00~22:00(일) **홈페이지** anthropologie.com **전화** 212-620-3116

안경테 수백 종이 있는 매장
모스콧 MOSCOT [모스콧]

100년 넘는 시간 동안 5세대에 걸쳐 운영되고 있는 안경 브랜드로, 동양인에게도 어울리는 안경테를 찾아볼 수 있다.

시간 7:00~다음 날 2:00(월~토), 8:00~22:00(일) **홈페이지** moscot.com **전화** 646-380-2586

현지 셀러들의 플리마켓
아티스트 앤 플리 Artists & Fleas [아티스트앤플리]

로컬 디자이너들이 만든 소품, 액세서리, 빈티지 제품들을 판매하는 플리마켓 형태의 편집 매장으로, 구경하는 재미가 쏠쏠하다.

시간 10:00~21:00(월~토), 10:00~20:00(일) **홈페이지** artistsandfleas.com **전화** 917-488-0044

스타벅스 프리미엄 매장

스타벅스 리저브 로스터리 STARBUCKS RESERVE ROASTERY [스타벅스 리저브 로스터리]

주소 61 9th Ave, Newyork 위치 지하철 A, C, E, L호선 14 Street역에서 도보 5분 시간 7:00~23:00(월
~목), 7:00~24:00(금), 8:00~24:00(토), 8:00~22:00(일) 가격 $4.5~5.5(아메리카노), $13(콜드브루몰트),
$16~23(칵테일), $5~15(베이커리) 홈페이지 starbucksreserve.com 전화 212-500-6035

스타벅스에서 프리미엄 원두를 추출, 판매하는 콘
셉트로 만든 매장이다. 첼시의 스타벅스 리저브 매
장은 전 세계에서 네번째로 오픈했던 매장이다. 입
구로 들어오면 바로 보이는 커다란 로스팅 머신과
리저브 바, 천장으로 로스팅된 원두들이 지나가는
것을 볼 수 있는 구조가 독특하다. 매장 규모가 크
며, 3층으로 나뉘어져 있다. 커피, 티는 물론 칵테
일도 팔고 있으며, 원두를 그램 수로 재서 구매할 수

있다. 텀블러, 필기류뿐 아니라 의류, 칵테일 용품 등 다양한 스타벅스 굿즈를 구경할 수 있다.

갤럭시 플래그십 스토어

삼성 837 Samsung 837 [삼성 에잇쓰리세븐]

주소 837 Washington St, Newyork 위치 지하철 A, C, E, L호선
14 Street역에서 도보 7분 시간 11:00~21:00(월~금), 10:00~
21:00(토), 11:30~20:00(일) 홈페이지 samsung.com/us/837 전
화 844-577-6969

큰 규모의 삼성전자 플래그십 스토어로, 삼성전자의 신제품을 볼
수 있을 뿐 아니라, 키오스크와 VR 등을 활용해 체험해 볼 수 있
다. 내부는 거대한 스크린과 공연, 교육 시설을 갖
춘 꽤 최첨단 시설로 꾸며져 있으며, 미디어 파사
드를 활용해 카메라와 터치펜 기능을 체험해 볼
수 있고, 4D VR을 이용해 스키, 롤러코스터를 타
는 게임도 즐길 수 있다. 한국에는 없는 플래그십
스토어여서 지나가다 한 번쯤 들러 볼 만하다.

허드슨 강변의 근현대 미술관
휘트니 미술관 Whitney museum of American art [휘트니 뮤지엄 오브 아메리칸 아트]

주소 99 Gansevoort St, Newyork 위치 지하철 A,C,E,L호선 14 Street 역에서 도보 8분 시간 10:30~17:00/10:30~22:00(금, 19:00~21:30 기부 입장) 휴관 매주 화요일, 추수감사절, 크리스마스 요금 $25(어른), $18(학생) 홈페이지 whitney.org 전화 212-570-3600

주로 20세기 이후의 미국 근현대 예술 작품을 볼 수 있다. 1914년 그리니치 빌리지의 휘트니 스튜디오에서 출발해 1960년대에는 매디슨 애비뉴에 자리했으나, 2015년에 지금의 자리로 이전해 왔다. 1900년대 미국의 예술 작품을 시간 순서로 볼 수 있는 상설전과 함께, 과거 뉴욕 최초로 비디오 아트 전시를 열었던 만큼 다양한 아티스트들의 실험적인 전시도 종종 진행하고 있다. 8층 로프트 카페와 테라스에서 해질녘을 바라보는 허드슨강 전망이 정말 예쁘다.

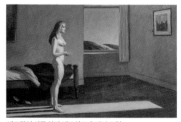
대표적인 미국 화가 에드워드 호퍼의 그림

플랫아이언 23번가 &
유니온 스퀘어

Flatiron & Union Square

맨해튼의 고층 빌딩은 미드타운 아래로도 한
참 이어진다. 그중 플랫아이언 지구는 한창
건물을 조금이라도 높이 올리는 것이 경쟁처
럼 행해지던 1900년대 초반 형성된 곳으로,

Best Course

플랫아이언 빌딩

도보 1분

매디슨 스퀘어 공원
(산책 및 주변 식사)

도보 10분

유니온 스퀘어 공원
(쇼핑 및 식사)

Tip.

비즈니스 구역과 대학가로, 큼직한 랜드마크는 없어 비교적 짧은 시간 동안 둘러볼 수 있는 지역이다. 외형이 독특한 플랫아이언 빌딩을 구경하고, 식사를 한 뒤 유니온 스퀘어 구역을 지나 이스트 빌리지나 소호로 걸어가 보는 것도 좋다.

지금은 수많은 비즈니스맨이 오가는 지역이다. 플랫아이언 빌딩을 지나 서너 블록 내려가다 보면 건물들의 높이가 낮아지기 시작하는데 맨해튼의 대표적인 대학가 중 하나인 유니온 스퀘어 지역이다. 파슨스 디자인 스쿨과 뉴욕 대학 등이 있다. 서울의 대학가처럼 개성 있는 사람들이 많이 모여드는 곳이다.

엠파이어 스테이트 빌딩
Empire State building

W 33rd St
W 34th St

북창동순두부
BCD tofu hous

강호동 백정
Baekjeong NY

W 31st St

알로 노마드
Arlo nomad

W 29th St

28 Street Station Ⓜ

Kimpton Hotel Eventi Ⓗ

33 Street Station Ⓜ

호텔3232
Hotel3232 Ⓗ

Ⓜ 23 Street Station

Hilton New York Fashion District Ⓗ

Ⓜ 28 St Broadway

W 23rd St

Ⓜ 23 Street Station

230 피프스 루프 톱 바
230 Fifth Rooftop Bar Ⓨ

Peloton Ⓟ

Ⓟ 23rd Street

이탈리
Eataly NYC Flatiron

사라베스
Sarabeth's

Ⓜ 28 Street Station

Momoya Ⓟ

매디슨 스퀘어 공원
Madison Square park

호텔 지라프
Hotel giraffe Ⓗ

플랫아이언 23번가 & 유니온 스퀘어

leinfeld Bridal Ⓟ

W 20th St

꽃
Cote

쉐이크쉑
Shake Shack

플랫아이언 빌딩
Flatiron Building

Ⓜ 23 Street Station

Dave's New York Ⓟ

Victoria's Secret Ⓟ

Maialino Ⓟ

ABC Kitchen Ⓟ

Paragon Sports Ⓟ

Rolf's Ⓟ

Ⓟ 14 Street Station

후 키친
Hu Kitchen

W 13th St

유니온 스퀘어 공원
Union Square park

비콘스 클로젯
Beacon's Closet Ⓟ

파슨스 디자인 스쿨
Parsons School of design school

Simon Baruch Junior High School

누텔라 카페
Nutella Cafe Ⓟ

Ⓜ 14 Street - Union Sq Station

노드스트롬랙
Nordstrom Rack Ⓟ

Ⓟ 9th Street

스텀프타운 커피
Stumptown Coffee Roasters

Mount Sinai Beth Israel ✚

Ⓜ 3 Avenue Station

말톤 호텔
The Marlton Ⓗ

뉴욕 코스튬
New York Costumes Ⓟ

고딕 르네상스
Gothic Renaissance Ⓟ

The Halal Guys Ⓟ

E 8th St

Big Arc Chicken Ⓟ

Ⓜ 1 Avenue St

워싱턴 스퀘어 공원
Washington square park

S'MAC East Village Ⓟ

Ⓜ 8 Street Station

블루 노트 재즈 클럽
blue note jazz

Ⓜ Astor Pl

St Marks Pl

The 13th Step Ⓨ

E 11th St

E 10th St

E 9th St

Astor Wines & Spirits Ⓟ

E 7th St

오이지
Oiji Ⓟ

플리즈돈텔
Please Don't Tell Ⓨ

르 뺑 코티디엥
Le Pain Quotidien Ⓟ

쇼필드
SHOWFIELDS

레이디버드
Ladybird Ⓟ

 마천루의 상징이자 다리미 모양의 빌딩
플랫아이언 빌딩 Flatiron Budilding [플랫아이언 빌딩]

주소 175 5th Ave, Newyork 위치 지하철 Q, R, W호선 23 Street역에서 바로

23번가역에서 올라오면 보통의 건물과 달리 한쪽의 폭이 매우 좁아 삼각형처럼 생긴 건물이 바로 보인다. 그 모양이 다리미를 닮았다고 하여 플랫 아이언 빌딩이라는 이름을 가진 고층빌딩이다. 원래는 5번가, 23번가, 브로드웨이가 교차되며 생긴 비좁은 삼각형 땅이었으나, 1920년 총 87m의 당시에는 최고층 건물이 생겨나며 뉴욕의 랜드마크 중 하나로 자리잡았다.

 마천루 사이의 벚꽃이 예쁜 공원
매디슨 스퀘어 공원 Madison Square Park [매디슨 스퀘어 파크]

주소 11 Madison Ave, Newyork **위치** 지하철 N,Q,R,W호선 23 Street 역에서 하차 **시간** 오전6시~오후11
시 **홈페이지** madisonsquarepark.org **전화** 212-520-7600

도시 한가운데 있는 도심공원으로, 플랫아이언 빌딩, 시계탑처럼 생긴 매트라이프타워, 꼭대기에 황금색
첨탑이 있는 뉴욕라이프빌딩 등 마천루 사이에서 귀한 쉼터 역할을 한다. 사람이 들어갈 수 있는 잔디밭은
없지만 대리석 동상 밑이나 벤치에 앉아 휴식하는 사람들을 찾아볼 수 있다. 커다란 벚꽃 나무들이 심어져
있어 봄철 주변을 화사하게 만들어준다.

Tip.

매디슨 스퀘어 공원 사진 스폿

남서쪽, 브로드웨이 교차로 앞의 횡단보
도에 서면 플랫아이언 빌딩을 배경으
로 사진을 찍을 수 있고, 북서쪽 26번
가 쪽 횡단보도에 서면 대로와 마천루
사이로 엠파이어 스테이트 빌딩이 살
짝 보이도록 사진을 찍을 수 있다.

Tip.

이름은 같지만 다른 곳! 매디슨 스퀘어 가든 Madison Square Garden

주소 4 Pennsylvania Plaza, Newyork 위치 기차 펜실베니아역 하차, 지하철 1, 2, 3호선 34 St-Penn
역에서 도보 1분 홈페이지 msg.com 전화 212-465-6741

31번가와 33번가 사이에 있는 매디슨 스퀘어 가든은 23번가와 26번가 사이의 매디슨 스퀘어 공원과 가깝지
만 꽤 멀리 떨어져 있는, 아예 다른 곳이다. 매디슨 스퀘어 가든은 공연장이나 농구 경기장으로 주로 이용되
며, 기차역 펜스테이션Penn station과 연결된 쇼핑몰과 붙어 있다. 펜스테이션역에서는 미국 다른 도시로 가
는 기차, 암트렉과 뉴저지 출퇴근 기차인 뉴저지 트랜짓을 이용할 수 있다.

 버거와 셰이크의 조합
쉐이크쉑 버거 SHAKE SHACK [세이크 섁]

주소 Madison Ave &, E 23rd St, Newyork **위치** 매디슨 스퀘어 공원 내부 **시간** 9:00~23:00 **가격** $5.55(쉑버거), $6.99(스모크쉑), $5.29(세이크) **홈페이지** shakeshack.com **전화** 212-889-6600

미국 3대 버거로 꼽히는 프랜차이즈 버거점으로, 1호점이 매디슨 스퀘어 공원 안에 있다. 미국 유명 외식기업의 회장인 대니 마이어가 2001년, 매디슨 스퀘어 공원 재건을 위해 1회성으로 운영했던 핫도그 카트가 큰 인기를 끌며 지속되다가 2004년 정식으로 공원 내에 가게를 오픈했다. 이름처럼 버거와 밀크세이크를 함께 팔고 있으며, 여타 미국 버거에 비해 버거의 크기는 작은 편이지만 촉촉한 패티의 맛 덕분에 인기가 좋다. 매디슨 스퀘어 공원 지점은 내부에 앉아 식사할 수 있는 형태의 매장이 아니어서 야외 테이블에서 식사해야 하니 참고하자.

뉴욕 직장인들의 점심 식사 장소
이탈리 | Eataly NYC Flatiron [이탈리 엔와이씨 플랫아이언]

주소 200 5th Ave, Newyork **위치** 지하철 Q, R, W호선 23 Street역에서 도보 1분 **시간** 카페: 7:00~22:00/ 마켓: 9:00~23:00/ **식당**: 상점마다 다름 **홈페이지** eataly.com **전화** 212-229-2560

이탈리아 식료품을 주로 파는 마트지만, 안쪽에 가볍게 식사할 수 있는 푸드 코트도 있어 뉴요커들이 평일에 자주 찾는 곳이다. 피자, 파스타, 젤라토, 커피를 비교적 저렴한 가격에 맛볼 수 있다. 꼭대기층 루프 톱 레스토랑 세라 알피나SERRA ALPINA by Birreria는 맥주 양조장 겸 비어 가든이어서 맛있는 맥주를 맛볼 수 있을 뿐 아니라, 화려하게 꾸며져 있어서 사진 찍기도 좋다. 인기 있는 공간이니 예약 후 방문하는 것을 추천한다.

코리안 스테이크하우스
꽃 Cote [꽃]

주소 16 W 22nd St, Newyork **위치** 지하철 Q, R, W호선 23 Street역에서 도보 3분 **시간** 17:~23:00(일~수), 17:00~다음 날 1:00(목~토), 13:00~21:00(추수감사절), 17:00~23:00(크리스마스 이브) **휴무** 크리스마스, 신년 **가격** $54(모둠고기한상 1인), $15(비빔국수) **홈페이지** cotenyc.com **전화** 212-401-7986

미쉐린 가이드에서 별 하나를 받은, 지금 뉴욕에서 가장 핫한 한국식 고깃집이다. 건조숙성Dry Aging된 고기는 퀄리티가 좋기로 유명하며, 내부는 고급 한식당 느낌보다는 미국의 라운지 바처럼 되어 있다. 숙성 고기를 스테이크 형식으로 먹을 수도 있지만, 네 개의 다른 부위가 제공되는 모둠고기한상Butcher's feast이 대표 메뉴이다. 한국식 레스토랑처럼 파절이와 찌개가 같이 서빙되며, 두툼한 스테이크 고기를 불판에 직접 구워 준다.

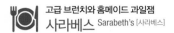

고급 브런치와 홈메이드 과일잼
사라베스 Sarabeth's [사라베스]

주소 381 Park Ave S, Newyork 위치 지하철 6호선
28 Street역에서 도보 1분 시간 7:30~22:30(월~금),
8:00~22:30(토), 8:00~21:30(일) 가격 $18~26(브
런치), $8~10(디저트), $21~30(디너) 홈페이지
sarabethsrestaurants.com 전화 212-335-0093

유명 드라마의 명소로 인기 있는 레스토랑이다. 브런
치 카페로 알려져 있지만 저녁에 스테이크류를 팔기도
한다. 센트럴 파크 근처의 지점이 가장 유명하고, 대부
분의 지점들도 붐비지만 파크 에비뉴 지점은 비교적
한적한 편이다. 오믈렛, 에그 베네딕트, 팬케이크, 와
플 등 브런치 메뉴가 대표적이며, 홈메이드 스타일로
직접 만드는 사라베스의 잼은 과일 본연의 맛을 느낄
수 있어 따로 사 가기도 한다. 또한 가게에서 매주 프로
모션을 진행하는데, 바, 라운지, 카페에서만 매일 해피
아워(15~19시)가 있고, 매주 월요일 오후 3시 이후부
터 와인병이 반값 행사, 매주 수요일 밤 오후 5시 30
분부터 3코스 랍스터 균일가와 라이브 재즈 밴드, 매
주 금요일 밤 오후 5시 30분부터 라운지에서 라이브
재즈 트리오 공연이 펼쳐지니 여행 중 특별한 이벤트
를 하고 싶으면 참고하자.

세계적인 패션, 사진, 디자인 학교
파슨스 디자인 스쿨 [파슨스 스쿨 오브 디자인]
Parsons School of Design

주소 66 5th Ave, Newyork 위치 지하철 4, 5, 6, L, N, Q, R, W호
선 14 Street-Union Sq역에서 도보 5분 홈페이지 newschool.
edu 전화 212-229-8900

세계 3대 패션 스쿨 중 하나로, 북미 최고의 패션 디자인 학교로
불리는 곳이다. 도나 카렌, 안나 수이, 마크 제이콥스, 탐 포드 등
세계적으로 명성있는 디자이너들이 배출되었고, 패션 디자인,
그래픽 아트, 사진, 일러스트레이션 등이 인기있는 전공이다. 뉴
욕의 대부분의 대학들처럼 잔디밭이 있는 캠퍼스가 따로 있는
것이 아니라, 맨해튼 곳곳에 빌딩이 퍼져 있다. 중심이 되는 건
물은 디자인 스쿨 답게 외형이 독특하게 생겨 눈길을 끈다.

 역사적인 행사의 중심이 되는 공원
유니온 스퀘어 공원 Union Square Park [유니온 스퀘어 파크]

주소 201 Park Ave S, Newyork 위치 지하철 4, 5, 6, L, N, Q, R, W호선 14 Street-Union Sq역에서 바로
시간 6:00~다음 날 1:00 홈페이지 Unionsquarenyc.org 전화 212-460-1200

다양한 사람들이 많이 모여드는 도심 공원으로, 생동감 넘치는 분위기를 가진 곳이다. 공원 내에 조지 워싱턴, 에이브러햄 링컨과 마하트마 간디의 동상이 있으며, 최초의 노동절 시위와 지구의 날 행사가 열리는 등 역사적인 행사들을 함께한 명소다. 지금도 각종 행사나 플리마켓 등이 자주 열리는 편이며, 한 주에 네 번 열리는 유니온 스퀘어 그린 마켓에서는 야채, 과일, 치즈, 빵, 요거트 등 유기농 식재료와 가벼운 먹거리를 팔기도 한다. 연말에는 홀리데이 마켓도 크게 들어선다.

학교 옆 유기농 레스토랑

후 키친 HU kitchen [후 키친]

주소 78 5th Ave, Newyork **위치** 지하철 4, 5, 6, L, N, Q, R, W호선 14 Street-Union Sq역에서 도보 4분 **시간** 7:30~21:30(월~금), 9:30~20:30(토~일) **가격** $9.95(주스), $10.95(볼), $23.95(유기농 치킨 샐러드) **홈페이지** hukitchen.com **전화** 212-510-8919

'원시 시대로 돌아가자'는 이색적인 모토를 가지고 있는 레스토랑이다. 화학적인 공법이 들어간 요리 대신 재료 본연의 맛을 살린 유기농 음식들을 팔고 있어 건강한 식단을 원하는 사람들이 많이 찾는다. 1층에서 주문해 음식을 받아 2층에서 식사할 수 있으며 식사 공간은 널찍하다. 유기농 주스나 유기농 커피가 인기 있으며, 직접 재료를 선택해 볼 만들 수도 있다. 주로 샐러드류가 많이 있다.

개성 강한 빈티지 매장

비콘스 클로젯 Beacon's closet

주소 10 W 13th St, Newyork **위치** 지하철 F, M, L호선 14 Street역에서 도보 4분 **시간** 11:00~20:00 **홈페이지** beaconscloset.com **전화** 917-261-4863

브루클린에도 매장이 여러 개 있는 빈티지 의류 상점이다. 컬러별로 상품을 분류해 놓아 쇼핑하기 편하게 되어 있다. 특히 유니온 스퀘어 지점은 개성 강하고 트렌드에 민감한 파슨스 스쿨 학생들이 내놓은 독특한 옷을 건질 수 있어 구경해 볼 만 하다.

 누텔라 디저트 카페
누텔라 카페 nutella café [누텔라 카페]

주소 116 University Pl, Newyork **위치** 지하철 4, 5, 6, L, N, Q, R, W호선 14 Street-Union Sq역에서 도보 3분 **시간** 7:00~21:00(월~목), 7:00~23:00(금), 8:00~23:00(토), 8:00~21:00(일) **가격** $5.95(크레이프), $3.95(누텔라젤라토) **홈페이지** Facebook.com/hutellacafenewyork **전화** 800-861-4888

누텔라에서 운영하는 카페로, 한쪽 벽면에 사진을 찍을 수 있도록 벽 앞에 큰 누텔라 모형도 준비해 두었다. 크레이프와 와플 등 누텔라와 함께 할 수 있는 디저트를 주로 팔고 있으며, 커피 메뉴도 다양하게 준비돼 있다. 와플이나 크레이프 위에 딸기나 바나나, 블루베리 등 과일 토핑이나 생크림, 헤이즐넛크림, 젤라토 아이스크림 등을 추가하는 것도 추천한다. 누텔라를 사랑한다면 정말 추천한다.

 큰 세일 폭이 매력인 도시형 아웃렛
노드스트롬 랙 Nordstrom rack [노드스트롬랙]

주소 60 E 14th St, Newyork 위치 지하철 4, 5, 6, L, N, Q, R,W호선 14 Street-Union Sq역에서 하차 시간 10:00~22:00(월~토), 11:00~20:00(일) 홈페이지 stores.nordstromrack.com 전화 212-220-2080

다양한 디자이너 브랜드의 이월 상품들을 70%까지 할인받을 수 있는 도시형 아웃렛이다. 매장 규모가 꽤 넓지만 의류를 아우터, 원피스, 스포츠의류 등으로 세분화해 진열했고, 신발 역시 사이즈별로 잘 정리돼 있어 쇼핑하기 편리하다. 워낙 방대한 양이 있기 때문에 잘 둘러봐야 하지만, 꽤 괜찮은 브랜드를 만나기도 하니 득템의 찬스를 기대하며 가벼운 마음으로 둘러보자.

큰 규모의 이벤트 코스튬 매장
뉴욕 코스튬 NEW YORK COSTUMES HALLOWEEN ADVENTRUE [뉴욕 코스튬 할로윈 어드벤처]

주소 104 4th Ave, Newyork 위치 지하철 4, 5, 6, L, N, Q, R, W호선 14 Street-Union Sq역에서 도보 3분
시간 11:00~20:00(월~토), 12:00~19:00(일) 홈페이지 newyorkcostumes.com 전화 212-673-4546

할로윈 시즌이 되면 아침부터 늦은 밤까지 사람들로 가득 차는 코스튬 매장이다. 비단 할로윈이 아니더라
도 파티나 특수 분장이 필요한 때 가면 좋은 곳이다. 세상의 모든 코스튬을 가져다 놓은 것처럼 1층과 지하
층으로 나뉘어진 매장 안에 다양한 코스튬들이 진열돼 있다. 컬러 렌즈나 가발, 파티용품처럼 소품들도 팔
고 있어 구경하는 재미가 쏠쏠하다.

중세 시대 코스튬 매장
고딕 르네상스 Gothic Renaissance [고딕 르네상스]

주소 110 4th Ave, Newyork 위치 지하철 4, 5, 6, L, N, Q, R, W호선 14 Street-Union Sq역에서 도보 3분
시간 11:00~20:00(월~토), 12:00~19:00(일) 홈페이지 gothren.com 전화 212-780-9558

뉴욕 코스튬 매장 바로 옆의 코스튬 의상을
판매하는 매장으로, 가게 이름처럼 무도회
가면이나 코르셋 등 정말 중세시대에 사용
했을 법한 의류와 소품들이 가득하다. 특히
펑키한 스타일의 의류와 액세서리가 많이
있으며, 영화에 활용되었던 소품들도 구할
수 있다. 가격은 조금 있는 편이지만 그만큼
제품의 퀄리티는 좋은 편이다.

이스트 빌리지

East Village

3~4층 정도의 낮은 건물들이 줄지어 있는 구역으로, 건물 벽에는 그림이 그려져 있거나 컬러풀하게 색칠돼 있기도 해서 비교적 친숙한 분위기가 느껴지는 동네다. 소호나 유니온

Best Course

Astor 피역

도보 10분

빅 게이 아이스크림
(간식 후 톰프킨스 스퀘어 공원 산책)

도보 3분

레이디버드

도보 3분

티 드렁크

Tip.
4, 6호선 Astor역에서 동쪽으로 이어
지는 이스트 7~9번가를 따라 걸어 보
자. 큼직한 관광 명소는 없지만 음식점
과 바는 쉽게 찾아볼 수 있다.

스퀘어 등 근처를 여행하다가 잠깐 들러 식사
하거나, 천천히 동네 구경을 하기 좋은 곳이
다. 톰프킨스 스퀘어 공원 너머 알파벳 시티
라고 부르는 곳에는 거주자들이 가꾸어 놓은
커뮤니티 공원도 있다.

M 1 Avenue Station

E 14th St

2nd Ave

S'MAC East Village 🍴

E 13th St

1st Avenue

Public School 19 🍴

Fat Buddha 🍷

E 12th St

Momofuku Noodle Bar 🍴

Raclette 🍴

Veselka 🍴

E 11th St

SanaVita Center for
Holistic Cleansing ➕

Coyote Ugly 🍷

Avenue A

Tompkins Square Bagels 🍴

11th St. Bar 🍷

Xi'an Famous Foods 🍴

E 9th St

E 10th St

오이지
Oiji 🍴

Avenue B

플리즈 돈 텔
Please Don't Tell 🍷

레이디버드
Ladybird 🍴

빅게이 아이스크림
Big Gay Ice Cream 🍦

티 드렁크
Tea Drunk

Tompkins Square Park 🌳

1st Avenue

E 6th St

이스트 빌리지

Somtum Der 🍴

E 7th St

E 8th St

Pardon My French 🍴

E 4th St

Ace Bar 🍷

E 6th St

Zum Schneider N

Downtown Yarns 🧶

Avenue A

Minca 🍴

Supper 🍴

E 3rd St

Avenue B

E 4th St

Boulton & Watt 🍴

Root & Bone 🍴

Avenue C

 핫도그 집 안에 숨겨진 술집
플리즈 돈 텔 Please Don't Tell [플리즈돈텔]

주소 113 St Marks Pl, Newyork 위치 지하철 4, 6호선 Astor Pl역에서 도보 10분 시간 오후6시~새벽2시, 금 토~새벽3시 가격 칵테일 한 잔 약 $16 홈페이지 pdtnyc.com 전화 212-614-0386

1900년대 미국에 금주령이 내려졌을 때 생겨난 스피크이지Speakeasy 술집 중 하나로, 지금도 핫도그 집 안에 숨겨져 있다. 핫도그 매장인 크리프 도그Crif dogs 안으로 들어와, 매장 안쪽의 전화부스를 통해 술집 으로 입장하면 된다. 비밀스러운 장소에서 마시는 칵테일 한 잔은 경험만으로도 특별하다. 음료와 안주가 맛있어 인기가 좋은데 가게 내부는 좁은 편이라 방문 전 예약을 하는 것이 좋다.

 토핑을 뿌리면 뿌릴수록 맛있는 아이스크림

빅 게이 아이스크림 BIG GAY ICE CREAM SHOP [빅게이 아이스크림 샵]

주소 125 E 7th St, Newyork **위치** 지하철 4, 6호선 Astor Pl역에서 도보 10분 **시간** 11:00~23:00(일~수), 11:00~24:00(목~토) **가격** $3.9(1컵 또는 1콘), $5.99(추천 메뉴) **홈페이지** biggayicecream.com **전화** 212-533-9333

2009년 아이스크림 트럭에서 시작해 지금은 뉴욕에 몇 개의 지점을 가지고 있는 아이스크림 가게다. 가게 이름에서도 알 수 있듯 동성애를 상징하는 무지개와 유니콘을 매장에 그려 놓았다. 콘 종류, 아이스크림 종류, 토핑들을 직접 선택할 수 있으며, 솔티 핌프, 도로시 등 추천 메뉴도 있다. 일반 콘 대신 와플 콘에 토핑을 잔뜩 얹어 컵 형태로 먹으면 최고다.

 미국에서 맛보는 동양의 차 문화

티 드렁크 tea drunk [티 드렁크]

주소 123 E 7th St, Newyork **위치** 지하철 4, 6호선 Astor Pl역에서 도보 10분 **시간** 12:00~22:00(월~토), 12:00~21:00(일) **가격** 보통 $22~45(차 종류에 따라) **홈페이지** tea-drunk.com **전화** 917-573-9936

백 가지가 넘는 많은 종류의 차를 가지고 있는 중국식 찻집이다. 동양 다기에 차를 내려 마실 수 있다. 티의 종류를 주문하면 직접 점원이 차를 우려내어 준다. 쉽게 구할 수 없어 수십만 원을 호가하는 차도 가지고 있으며, 네 가지 종류의 차를 마셔볼 수 있는 테이스팅 코스도 있다. 동양의 차가 흔하지 않은 뉴욕에서 고가의 찻잎을 선물로 주고받을 수 있도록 선물용 패키지도 팔고 있다.

 인스타 감성 물씬 나는 채식 타파스 바
레이디 버드 LADYBIRD [레이디 버드]

주소 111 E 7th St, Newyork 위치 지하철 4, 6호선 Astor Pl역에서 도보 10분 시간 17:00~다음 날 1:00(월~토), 14:00~22:00(일) 가격 $11~16(타파스), $13~15(칵테일) 홈페이지 ladybirdny.com 전화 917-261-5524

와인과 칵테일을 파는 채식 타파스 바bar로, 핑크와 그린 컬러로 포인트를 준 예쁜 인테리어가 돋보이는 곳이다. 늦은 오후 문을 열어 새벽까지 운영한다. 술과 곁들일 수 있는 가벼운 요리를 주문해도 좋고, 두세 명이 함께 나눠 먹을 수 있는 아티초크 퐁듀도 괜찮다. 현지에서 생산하는 신선한 식재료를 사용하는 글루텐 프리 식당으로 더욱 인기를 끌고 있는 곳이다.

 많은 사람들이 사랑하는 퓨전 한식당
오이지 Oiji [오이지]

주소 119 1st Avenue, Newyork 위치 지하철 4, 6호선 Astor Pl역에서 도보 8분 시간 18:00~22:30(월~목), 18:00~23:00(금, 토), 17:00~22:00(일) 가격 성게알 덮밥 시가(MP), $15(유린기), $16(허니버터칩 아이스크림) 홈페이지 oijinyc.com 전화 646-767-9050

저녁에만 영업하는 퓨전 한식당으로, 성게알덮밥을 비롯, 떡갈비, 장조림 등 친숙한 메뉴를 맛볼 수 있다. 디저트 메뉴인 허니버터칩 아이스크림도 유명하다. 한 접시에 나오는 음식의 양은 적은 편으로, 곁들일 수 있는 메뉴를 함께 주문하는 것이 좋다. 칵테일 종류도 다양한 편인데, 서울비둘기, 생강의 비밀 등 이름이 독특해 재미를 더한다.

그리니치 빌리지

Greenwich Village

맨해튼에서 가장 멋스러운 동네 중 하나로,
유럽의 마을에 온 것처럼 낮은 적갈색 주택
이 밀집해 있는 곳이다. 네모 반듯하게 구역

Best Course

매그놀리아 베이커리 (간식)

도보 1분
⬇
북마크
도보 1분
⬇
아페쎄 서플러스 (쇼핑)
도보 10분
⬇
워싱턴 스퀘어 공원

도보 2분
⬇
스텀프타운 커피
도보 5분
⬇
블루 노트 재즈 클럽
(식사 및 공연 관람)

Tip.

길을 걸으며 동네의 분위기를 느껴 보는 일정으로, 두세 시간 정도면 충분하다. 낮에는 예쁜 카페나 베이커리, 부티크 매장을 둘러보고, 저녁에는 재즈 클럽에서 분위기 있는 시간을 보내자.

이 정리된 다른 맨해튼 지역과 달리 사선으로 나 있는 골목골목들 덕분에 더욱 매력적이며, 오랫동안 잘 보존된 옛날 주택들과 거리는 드라마나 영화 촬영지로도 많이 활용된다. 고급스러운 부티크 매장들, 서점, 트렌디한 카페들이 많이 들어서 있고, 개성 강한 예술가들에게도 많이 사랑받아 온 대도시 속의 아담한 동네다.

 뉴욕 대학의 캠퍼스 같은 공원
워싱턴 스퀘어 공원 Washington Square Park [워싱턴 스퀘어 파크]

주소 5th Ave & Washington Square, Newyork 위치 지하철 A, B, C, D, E, F, M호선 West 4 St-Washington Sq역에서 도보 4분 시간 6:00~다음 날 1:00 홈페이지 nvcgovparks.org 전화 212-639-9675

가운데의 큰 분수와 키 큰 나무들로 이루어진 가로수길, 대리석으로 만든 워싱턴 스퀘어 아치가 대표적인 공원이다. 1825년 미국 초대 대통령인 조지 워싱턴의 이름을 붙여 공원으로 조성됐으며, 지금은 뉴욕의 수많은 공원 중 대표적인 시민 공원으로 자리 잡았다. 뉴욕 대학처럼 따로 잔디밭 캠퍼스가 없는 인근 대학 캠퍼스 공원처럼 활용되기도 하고, 거리 예술가들의 공연이나 각종 집회 장소로 활용되기도 한다.

 미국 3대 커피

스텀프타운 커피 STUMPTOWN COFFEE ROASTERS [스텀프타운 커피 로스터]

주소 30 W 8th St, Newyork **위치** 지하철 A, B, C, D, E, F, M호선 West 4 St- Washington Sq역에서 도보 3분 **시간** 7:00~20:00(화요일 오전 10시에 일반인 시음) **가격** $2.75~3.75(드립커피), $4~5(라테), $4.75~5.75(모카) **홈페이지** stumptowncoffee.com **전화** 347-414-7802

미국의 3대 스페셜티 커피 브랜드 중 하나로, 포틀랜드에서 시작했으며 제2의 스타벅스라고 불리고 있다. 커피에 신맛이 돌지 않아 부드러운 커피를 좋아하는 사람들이 많이 찾는다. 카페 내부는 진한 색의 나무로 무게감 있게 꾸며져 있고, 라테나 모카 등 커피와 베이커리류를 함께 팔고 있다. 빈티지한 느낌의 패키지에 담겨진 원두는 선물용으로 많이 사 간다.

캐주얼한 브런치 카페

블루스톤 레인 BLUESTONE LANE COLLECTIVE CAFÉ [블루스톤 레인 콜렉티브 카페]

주소 55 Greenwich Ave, Newyork **위치** 지하철 1, 2, 3호선 14 Street역에서 도보 3분 **시간** 7:30~18:00(월~수), 7:30~19:00(목, 금), 8:00~19:00(토, 일) **가격** $4(플랫화이트), $8(아보카도 스매쉬 토스트) **홈페이지** bluestonelane.com **전화** 718-374-6858

호주에서 시작한 유기농 커피 매장으로, 귀리로 만든 우유나 유기농 우유를 사용하는 것이 특징이다. 뉴욕 여기저기 여러 개의 매장이 있는데, 그리니치 애비뉴 지점은 식사 메뉴까지 있는 카페형 레스토랑으로 운영되고 있다. 내부와 외부에 여러 개의 테이블이 있어, 날씨 좋은 날은 야외 테이블에 앉는 것도 좋다.

양질의 커피 원두를 구할 수 있는 곳
포르토 리코 임포팅 Porto Rico Importing [포르토 리코 임포팅]

주소 201 Bleecker St, Newyork **위치** 지하철 A, B, C, D, E, F, M호선 West 4 St- Washington Sq역에서 도보 3분 **시간** 8:00~22:00(월~금), 8:00~22:00(토), 12:00~19:00(일) **홈페이지** portorico.com **전화** 212-477-5421

1907년에 오픈해 3대째 운영 중인 커피 원두 매장이다. 수십 종류의 원두를 포대에 담아 진열해 놓고, 바로 원두의 무게를 달아 포장해 판매하는 전통적인 방식을 고수하고 있어 마니아층에게 인기가 좋다. 매주 세일 혹은 추천하는 원두를 매장 앞 칠판에 적어두며, 안쪽에 테이크아웃 커피 바도 운영하고 있어 신선한 커피를 마셔 볼 수도 있다. 찻잎, 엽서, 에코백 등 커피, 티와 관련된 다른 아이템들도 구경할 수 있다.

미쉐린 1스타 라면 레스토랑
제주 누들 바 Jeju noodle bar [제주 누들 바]

주소 679 Greenwich St, Newyork **위치** 지하철 1, 2호선 Christopher St역에서 도보 5분 **시간** 17:00~22:00(일~수), 17:00~23:00(목~토) **가격** $16~19(라면), $25(토로쌈밥), $42(갈비쌈) **홈페이지** jejunoodle bar.com **전화** 646-666-0947

'라멘 아니고 라면'이라는 모토를 가지고 운영하는 곳으로, 2019 미쉐린 가이드에서 별 하나를 받은 레스토랑이다. 미쉐린 레스토랑치고는 캐주얼한 분위기로, 음식의 가격도 부담스럽지는 않은 편이다. 한국과 제주에서 영감을 받았다고 하지만, 한국인이 생각하는 라면의 맛은 아닌 상당한 퓨전 한식을 맛볼 수 있다. 고추 라면, 미역 라면 등 라면 메뉴와 김과 함께 싸 먹을 수 있도록 나오는 토로쌈밥이 대표적인 메뉴다.

드라마로 유명해진 디저트집
매그놀리아 베이커리 MAGNOLIA BAKERY [매그놀리아 베이커리]

주소 West 11th Street, 401 Bleecker St, Newyork **위치** 지하철 1, 2호선 Christopher St역에서 도보 5분 **시간** 9:30~22:30(일~목), 9:30~23:30(금~토), 10:00~20:00(12월 24일), 10:00~21:00(12월 31일), 10:00~22:00(1월 1일) **가격** $4.25(바나나 푸딩 스몰), $7.25(바나나 푸딩 라지), $3.95(컵케이크) **홈페이지** magnoliabakery.com **전화** 212-462-2572

뉴욕에서 꼭 들러야 할 디저트 베이커리 중 하나로, 드라마에 나와서 더 유명해진 곳이다. 뉴욕 전역에 여러 개의 매장이 있지만 이곳이 본점이다. 단맛이 강한 컵케이크는 물론, 쿠키나 케이크 등 다른 베이커리류도 맛있다. 카스텔라와 진한 바나나크림이 섞인 바나나 푸딩은 꼭 맛봐야 할 대표적인 메뉴다. 매장 내부에서 먹는 것은 불가능할 정도로 좁으니 포장해서 다른 곳을 찾아가야 한다.

느낌 있는 편집 서점
북마크 BOOKMARC [북마크]

주소 400 Bleecker St, Newyork **위치** 지하철 1, 2호선 Christopher St역에서 도보 5분 **시간** 11:00~19:00(월~토), 12:00~18:00(일) **홈페이지** marcjacobs.com **전화** 212-620-4021

마크 제이콥스에서 운영하는 서점으로, 뉴욕에서 20년 동안 자리를 지켜 온 '바이오그래피 북숍'을 인수해 2010년 새롭게 문을 열었다. 컬러풀한 네온사인이 작지만 눈에 띄게 빛나고 있어 멀리서도 트렌디한 매장임을 느낄 수 있다. 주로 패션과 관련된 사진집, 일러스트 북을 팔고 있으며, 구하기 쉽지 않은 책들도 소장하고 있다. 마크 제이콥스 거울이나 휴대폰 케이스 등 소소한 액세서리류도 판매하고 있다.

아페쎄 상설 할인매장
아페쎄 서플러스 A.P.C. SURPLUS [아페쎄 써플러스]

주소 92 Perry St, Newyork 위치 지하철 1, 2호선 Christopher St역에서 도보 4분 시간 11:00~19:00(월~토), 12:00~18:00(일) 홈페이지 apc-us.com 전화 646-371-9292

베이직한 의류, 가방 등을 판매하는 프랑스 브랜드 아페쎄의 아웃렛 매장으로, 별로 크지 않은 매장 안에 상품들이 깔끔하게 진열돼 있다. 한국에서보다 저렴한 가격으로 살 수 있으며, 기본적인 아이템들이 많아 한 번쯤 들러 볼 만하다.

시대별로 정리된 빈티지 숍
스크리밍 미미 SCREAMING MIMIS VINTAGE [스크리밍 미미 빈티지]

주소 240 W 14th St, Newyork 위치 지하철 A, C, E, L호선 14 Street역에서 도보 1분 시간 12:00~20:00(월~토), 13:00~19:00(일) 홈페이지 screamingmimis.com 전화 212-677-6464

1978년부터 꾸준히 운영해 온 빈티지 숍으로, 1920년대부터 1980년대까지 수십 년이 훌쩍 지났지만 퀄리티는 괜찮은 빈티지 아이템을 팔고 있다. 주로 여성 드레스류가 많이 있으며, 시대별로 섹션을 나눠 놓아 둘러보기 편하다. 할로윈이나 파티 때 입기 좋은 독특한 콘셉트의 의상들이 많다.

여행객들에게 가장 잘 알려진 재즈 클럽
블루 노트 재즈 클럽 BLUE NOTE JAZZ CLUB [블루 노트 재즈 클럽]

주소 131 W 3rd St, Newyork **위치** 지하철 A, B, C, D, E, F, M호선 West 4 St- Washington Sq역에서 도보 1분 **시간** 18:00~24:00(월~목). 18:00~다음 날 2:00(금), 10:00~다음 날 2:00(토), 10:00~24:00(일) **가격** $25~75(커버 테이블 1인), $37(뉴욕스트립스테이크) **홈페이지** bluenotejazz.com **전화** 212-475-8592

뉴욕의 대표적인 재즈 클럽 중 하나이자 한국인에게 가장 많이 알려져 있는 곳이다. 매일 밤 공연이 있으며, 온라인 예매를 해야 입장할 수 있다. 홈페이지에서 공연 정보를 미리 확인할 수 있으며, 아티스트에 따라 커버 요금이 다르다. 바 자리는 무대에서 멀리 떨어져 있기 때문에 테이블 자리를 예약하는 것이 좋고, 입장순으로 자리에 앉는 방식이므로 공연 시작 전 문을 여는 시간에 맞춰 일찍 가는 것이 좋다.

밤 늦게까지 운영하는 재즈 클럽
스몰스 Smalls [스몰스]

주소 183 W 10th St, Newyork **위치** 지하철 1, 2호선 Christopher St역에서 도보 1분 **시간** 월~금(19:05 오픈, 3개 공연): 19:30, 22:30, 다음 날 1:00/ 토, 일(16:00 오픈, 4개 공연): 16:00, 19:30, 22:30, 다음 날 1:00 **가격** $20(커버), $10(학생) **홈페이지** smallslive.com

오후 7시 30분부터 새벽 4시까지 하루에 세 세트의 공연을 하는 재즈 클럽으로, 일부 쇼와 금요일, 토요일을 제외하고는 입장료 $20로 당일의 모든 공연을 볼 수 있다. 메즈로우와 연계돼 있어 일요일부터 목요일까지는 당일 티켓을 이용해 메즈로우 재즈 클럽에도 입장이 가능하다. 규모가 크지 않은 편이어서 코앞에서 공연을 볼 수 있으며, 따로 예약은 받지 않아 공연 시작 전 미리 입장하는 것이 좋다. 2007년부터 모든 공연을 오디오와 비디오로 저장해, 홈페이지를 통해 아카이브를 제공하고 있는 것이 특징이다.

 아늑한 분위기의 재즈 클럽
메즈로우 MEZZROW [메즈로우]

주소 163 W 10th St, Newyork **위치** 지하철 1, 2호선 Christopher St역에서 도보 2분 **시간** 19:00(오픈, 2개 공연): 19:30, 22:30 **가격** $20(커버), $25(주말 예약석) **홈페이지** mezzrow.com **전화** 646-476-4346

스몰스 재즈 클럽과 연계돼 있는 작은 재즈 바로, 일요일부터 목요일까지 평일에는 스몰스의 당일 티켓으로 입장이 가능해 두 곳을 함께 돌아보는 사람들이 많다. 특히 재즈 피아노 공연에 특화돼 있어 조금 더 클래식한 분위기가 나는 곳이다. 테이블 배치나 바가 재즈 클럽들 중에는 깔끔한 편에 속한다. 바 안쪽 무대를 기준으로 세로로 긴 통로에 좌석이 놓여 있어 공연을 잘 보고 싶다면, 사전에 테이블을 예약하고, 공연 시작 전 일찍 도착하는 것이 좋다.

 젊은 아티스트들의 아지트 같은 뮤직 바
팻 캣 Fat cat [팻 캣]

주소 75 Christopher St, Newyork **위치** 지하철 1, 2호선 Christopher St역에서 도보 1분 **시간** 14:00~다음 날 5:00(월~목), 24:00~다음 날 5:00(금~일) **가격** $3~9(음료), $6.5(게임 1시간 1인), $7.5(게임 1시간 1인, 금~토) **홈페이지** fatcatmusic.org **전화** 212-675-6056

라이브 공연은 물론, 당구대나 탁구대도 가지고 있는 젊은 분위기의 술집이다. 보통 공연은 하루에 2~3번 이루어지며, 공연하는 아티스트들은 재즈, 라틴, 클래식 등 장르를 가리지 않는다. 젊은 아마추어 뮤지션이 공연하는 날도 있다. 주로 인근 대학생들이 많이 찾으며, 비교적 저렴한 가격에 음료와 게임, 음악까지 즐길 수 있어 인기가 좋다. 혼자보다는 여러 명이 함께 여행할 때 들르기 좋은 곳이다.

소호 & 노호
SOHO & NOHO

쇼핑 천국으로 알려져 있는 소호와 노호는 하이패션과 스트리트 스타일이 만나는 최신 유행에 민감한 동네로, 리미티드 에디션 아이템을 가지고 있다면 길을 걷다 마주친 누군가에게 찬사를 들을 수도 있는 곳이다. 휴스턴

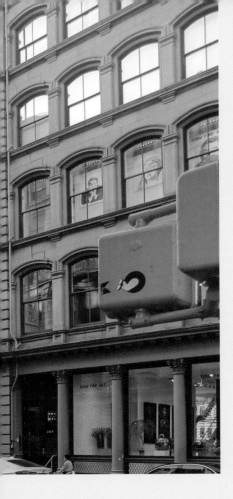

Best Course

도미니크 앙셀 베이커리
(브런치 후 소호 거리 쇼핑)

도보 10분
⊕
소호 파크
(점심 후 노호 거리 쇼핑)

도보 10분
⊕
르 팽 코티디앵

Tip.

1~2km 남짓 되는 몇 블록 안에 수백 개의 매장이 들어서 있다. 방문하고 싶은 매장을 미리 체크해 두고 천천히 걸으며 쇼핑을 즐겨 보자.

스트리트의 남쪽South of Houston의 약자인 소호Soho와 북쪽을 뜻하는 노호Noho라는 이름이 붙어 있다. 1950년대까지는 무역, 패션 공장 지대였지만 대공황 이후에는 예술가들의 갤러리 겸 아지트로 쓰이다가, 지금은 높은 임대료를 감당할 수 있는 상점이나 고급 로프트가 들어서 있다. 뉴욕을 찾는 여행객들이 꼭 들르는 곳 중 하나다.

크루아상+도넛=크로넛
도미니크 앙셀 베이커리 Dominique Ansel Bakery [도미니크 앙셀 베이커리]

주소 189 Spring St, Newyork **위치** 지하철 C, E호선 Spring street역에서 도보 1분 **시간** 8:00~19:00(월 ~토), 9:00~19:00(일) 8:00~13:00(추수감사절), 8:00~17:00(12월 24, 31일) *2019년 기준 **휴무** 12월 25일, 1월 1일 **가격** 크로넛 $6, 마들렌 10개 $6.25, 쿠키샷 $4.75 **홈페이지** dominiqueanselny.com **전화** 212-219-2773

소호에서 가장 인기 많은 디저트 매장 중 하나로, 크루아상과 도넛을 합친 크로넛이 대표 메뉴다. 동그란 도넛 모양이지만 크루아상처럼 바삭한 페이스트리가 겹겹이 쌓여 있는 형태로, 인기가 좋아 평일에도 대부분 오전 11시에서 12시 사이에 품절된다. 이 밖에도 동그란 모양에 속이 비어 있는 쿠키에 바닐라우유를 부어 먹는 쿠키샷, 구운 마시멜로 안에 아이스크림이 들어 있는 프로즌 스모어, 마들렌 등 다양한 디저트 메뉴가 있다. 벽을 꽃으로 장식해 둔 내부와 야외에도 테이블이 마련돼 있어 쇼핑 중 들러 쉬었다 가기 좋다.

숨겨진 안뜰 테이블에 앉아볼 것
라뒤레 LADURÉE Soho [라뒤레 소호]

주소 398 W Broadway, Newyork **위치** 지하철 C, E호선 Spring street역에서 도보 3분 **시간** 9:00~22:00(월~목), 9:00~23:00(금~토), 9:00~20:00(일) **가격** $2.8(마카롱), $13(오믈렛), $4(아메리카노) **홈페이지** laduree.us **전화** 646-392-7868

프랑스에 본점이 있는 디저트 카페로, 마카롱이 맛있기로 유명하다. 한국에도 입점해 있고 매디슨 애비뉴에도 매장이 있지만, 소호 매장에는 안쪽에 숨겨진 안뜰이 있어 많은 사람들이 일부러 찾는다. 바깥에서 보았을 때는 좁은 매장처럼 보이지만, 내부는 꽤 널찍하게 되어 있다. 입구의 바에서 구매하면 안쪽으로 들어갈 수 없기 때문에 여유롭게 디저트를 즐길 거라면 안쪽 테이블에서 주문해야 한다. 작은 공원처럼 꾸며진 야외 테라스에는 꼭 들러 보자. 장미, 라즈베리 등 다양한 맛의 마카롱과 티, 케이크 등 디저트류뿐만 아니라 가벼운 식사 메뉴로 프랑스식 브런치도 맛볼 수 있다.

한정판 아이템이 있는 나이키 매장
나이키랩 NikeLab 21M [나이키랩 투에니원 엠]

주소 21 Mercer St, Newyork **위치** 지하철 N, Q, R, W호선 Canal Street역에서 도보 2분 **시간** 11:00~19:00(월~토), 12:00~19:00(일) **홈페이지** nike.com **전화** 212-226-5433

미국의 대표적인 브랜드답게 뉴욕에는 조금 더 특별한 나이키 매장이 있다. 랩Lab이라는 이름답게 실험적인 제품이나 다른 브랜드들과의 컬래버레이션 제품을 볼 수 있다. 매장은 넓지 않지만, 다른 곳에서 볼 수 없는 의류와 신발들이 알차게 진열돼 있다. 한국에서는 구할 수 없는 리미티드 에디션도 구할 수 있어 신발의 경우 사이즈만 맞는다면 일단 구매하는 게 이득일 수 있다.

Tip.
나이키 소호 Nike Soho

주소 529 Broadway, Newyork **위치** 나이키 랩에서 도보 6분 후 스프링 스트리트 안 **시간** 10:00~20:00(일~화), 10:00~21:00(수~토) **전화** 646-716-3740

두 블록 옆, 스프링 스트리트에 있는 나이키 소호 Nike soho 매장은 총 5층으로 구성된 큰 매장이다. 신발, 의류뿐 아니라 다양한 굿즈도 구경할 수 있으며, 또 자기만의 신발을 맞춤 제작할 수도 있어 한 번 들러볼 만하다.

 맞춤 데님 브랜드 매장
스리바이원 3x1 [쓰리 바이 원]

주소 15 Mercer St, Newyork **위치** 지하철 N, Q, R, W호선 Canal Street역에서 도보 2분 **시간** 11:00~
19:00(월~토), 12:00~18:00(일) **홈페이지** 3x1denim.com **전화** 212-391-6969

소호에서 시작한 프리미엄 데님 브랜드로, 데님 원단을 만들 때 사용하는 기본적인 직조 방법인 라이트 핸
드 트윌에서 이름을 따왔다고 한다. 주문 후 몸에 딱 맞게 제작해 주는 비스포크 방식으로 운영하고 있어,
안쪽에 작은 공장도 마련돼 있다. 매장에 수십 개의 다양한 데님 원단을 가지고 있으며, 원단은 물론 실, 트
리밍, 단추까지 직접 골라 맞춤 제작할 수 있다. 요즘에는 비스포크 진과 더불어 기성품과 다른 패션 소품
들도 함께 판매하고 있다.

 지금 가장 핫한 스트리트 브랜드 중 하나
팔라스 스케이트보드 Palace Skateboard apparel [팔라스 스케이트보드 어페럴]

주소 49 Howard St, Newyork **위치** 지하철 N, Q, R, W호선 Canal Street역에서 도보 1분 **시간**
11:00~19:00(월~토), 12:00~18:00(일) **홈페이지** palaceskateboards.com **전화** 212-933-1573

2009년 런던에서 시작한 스트리트 브랜드로, 런던, 뉴욕, 도쿄, 로스앤젤레스에만 매장이 있어 뉴욕을 찾
는다면 꼭 들러야 할 곳 중 하나다. 특히 삼각형 모양의 로고, 트라이퍼그Tri-Ferg를 활용한 아노락anorak
이 시그니처 아이템이다. 깔끔하게 로고를 그대로 활용한 것도 있지만, 색상이나 모양에 변주를 준 로고
디자인은 특별히 사랑받는다. 여타 스트리트 브랜드처럼 지정된 드롭 일에 한정된 수만큼 제품을 출시하
고 있다.

하이패션 브랜드 편집 매장
커나 자벳 KIRNA ZABÊTE [커나 자벳]

주소 477 Broome St, Newyork **위치** 지하철 N, Q, R, W호선 Canal Street역에서 도보 6분 **시간**
11:00~19:00(월~토), 12:00~18:00(일) **홈페이지** kirnazabete.com **전화** 212-941-9656

1999년부터 운영해 온 하이패션 편집 매장으로, 핫핑크와 블랙을 이용해 키치하게 꾸민 내부 인테리어
가 독특하다. 여성복을 주로 다루며, 매우 넓은 매장 안에는 백화점 수준으로 많은 브랜드들이 입점해 있
어 구경하기 좋다. 구찌, 샤넬, 끌로에 등 하이엔드 패션 브랜드도 들어와 있지만, 라이프 스타일 브랜드나
신진 디자이너의 브랜드도 들어와 있어 제품들 역시 다양하고, 그 가격 폭 역시 굉장히 넓은 편이다.

셀럽들에게 인기 있는 하이패션 빈티지 숍
왓 고즈 어라운드 컴즈 어라운드 What goes around comes around(WGACA)
[왓 고즈 어라운드 컴즈 어라운드]

주소 351 W Broadway, Newyork **위치** 지하철 1, 2호선 Canal St역에서 도보 4분 **시간** 11:00~20:00(월~
토), 12:00~19:00(일) **홈페이지** whatgoesaroundnyc.com **전화** 212-343-1225

하이엔드 빈티지 편집 매장으로, 유명 셀럽들이 애용해서 인지도를 쌓았다. '유행은 돌고 돈다'는 이름처
럼 세월이 지난 하이패션 브랜드의 제품을 판매하는데, 최상급 제품을 잘 셀렉해 오기로 유명하다. 지금은
구할 수 없는 하이패션 브랜드의 1900년대 제품들이 인기 있으며, 이 밖에도 빈티지 제품을 재활용해 만
든 제품들도 많아 한 번쯤 구경해 볼 만하다.

큰 규모의 아크네 스튜디오 매장
아크네 스튜디오 ACNE STUDIOS Greene Street [아크네 스튜디오 그린 스트리트]

주소 33 Greene St, Newyork **위치** 지하철 N, Q, R, W호선 Canal Street역에서 도보 4분 **시간** 11:00~19:30(월~토), 12:00~18:00(일) **홈페이지** acnestudios.com **전화** 212-334-8345

스웨덴 패션 브랜드로, 그린 스트리트의 소호 매장은 그 규모가 꽤 넓어 다양한 아이템을 구경할 수 있다. 근처에 이자벨 마랑을 비롯해 유명한 유럽 브랜드들의 매장이 들어와 있어 함께 들러보면 좋다. 물론 한국 매장에서 구매할 때보다는 저렴하지만, 뉴욕의 소비세 때문에 가격 편차가 크지는 않으니 참고하자.

지금 가장 핫한 패션 브랜드 중 하나
오프 화이트 Off-white [오프화이트]

주소 51 Mercer St, Newyork **위치** 지하철 N, Q, R, W호선 Canal Street역에서 도보 5분 **시간** 11:00~19:00(월~토), 12:00~18:00(일) **홈페이지** off---white.com **전화** 646-478-7598

2012년에 론칭했지만 수년만에 굉장한 인지도를 갖게 된 하이엔드 스트리트 브랜드다. 설립자인 버질 아블로는 2018년부터 루이비통의 남성복 수석 디자이너로도 활동하게 될 만큼 패션계에서 인정받고 있기도 하다. 나이키, 이케아 등 다양한 브랜드들과 폭넓은 컬래버레이션을 진행하고 있으며 매번 성공을 거둬 왔다. 소호 매장에서는 뉴욕 한정품도 종종 발매되고 있느 참고하자.

소신 있는 디자인의 여성복 브랜드
와일드팡 WILDFANG [와일드팡]

주소 252 Lafayette St, Newyork **위치** ①지하철 6호선 Spring St역에서 도보 1분 ②지하철 R, W호선 Prince St 역에서 도보 2분 **시간** 11:00~19:00 **홈페이지** wildfang. com **전화** 646-858-0558

2013년에 시작한 디자이너 브랜드로, 워크웨어, 수트 등을 팔고 있다. 여성 인권에 관심이 많아 와일드 페미니스트 라인을 만들기도 했으며, 다양한 사이즈의 수트가 인기가 좋다. 뿐만 아니라 이민자 문제 등 사회적 이슈에 대해 메시지를 담은 의류를 판매하는 캠페인을 진행하기도 하며, 인지도를 쌓고 있다.

다양한 아티스트 컬래버레이션 굿즈
모마 디자인 스토어 MoMA design store [모마 디자인 스토어]

주소 81 Spring St A, Newyork **위치** ①지하철 6호선 Spring St역에서 도보 1분 ②지하철 R, W호선 Prince St역에서 도보 2분 **시간** 10:00~20:00(월~토), 11:00~19:00(일) **홈페이지** store.moma.org **전화** 646-613-1367

뉴욕 현대 미술관MoMA의 디자인 상품을 판매하는 매장으로, 미술관 내부와 바로 앞에도 매장이 있다. 소호 매장은 지하 1층과 지상 1층으로 나뉜 꽤 넓은 규모며, 뉴욕 현대 미술관에서 했던 전시의 포스터나 엽서부터 각종 아티스트들과 컬래버레이션해 만든 굿즈, 아이디어 상품들, 필기류나 라이프 스타일 제품들이 진열돼 있다. 꼭 구매하지 않더라도 재미난 상품들이 많이 있으니 구경해 볼 만하다.

파피루스 PAPYRUS [파피루스]
아기자기한 엽서와 문구류가 가득한 매장

주소 65 Prince St, Newyork **위치** 지하철 R, W호선 Prince St역에서 도보 1분 **시간** 10:00~20:00(월~토), 11:00~19:00(일) **가격** $2~15(엽서), $21.95(뉴욕 지도 벽걸이용 달력) **홈페이지** papyrusonline.com **전화** 332-877-3340

미국 전역에 매장이 있는 엽서 가게로, 매일매일이 기념일이라는 모토를 가지고 편지지, 포장지, 카드, 수첩, 지도 등 종이를 활용한 각종 문구류를 팔고 있다. 매장 내부에는 용도에 따른 다양한 종류의 엽서들이 수백 가지 진열돼 있는데, 문구나 글꼴을 맞춤 제작해 엽서나 초대장을 만들 수도 있다. 디자인이 예쁜 것들도 많이 있어 구경하기 좋으며, 뉴욕의 상징물이 담긴 것들은 기념품으로도 괜찮다.

레인즈 RAINS [레인즈]
패셔너블한 기능성 방수 제품 브랜드

주소 292 Lafayette St, Newyork **위치** 지하철 R, W호선 Prince St역에서 도보 3분 **시간** 11:00~19:00(월~토), 12:00~18:00(일) **홈페이지** us.rains.com **전화** 332-999-0048

2012년에 론칭한 북유럽의 레인웨어 브랜드로, 현대적인 디자인의 방한, 방수 제품을 선보이고 있다. 처음에는 고품질의 판초우의 하나로 시작했으나, 의류, 가방, 액세서리로 확장했고, 지금은 패턴과 컬러 등 디자인 요소를 적극 활용하며 단순히 기능성이 아닌 패션 아이템으로 쓰일 수 있는 제품을 만들고 있다. 뉴욕을 비롯해 전 세계에 20여 개의 매장이 있는데, 모두 하얀 벽면의 심플한 모습으로 꾸며져 있다.

자선 중고 서점

하우징 웍스 HOUSING WORKS bookstore café & bar [하우징 웍스 북스토어 카페 앤 바]

주소 126 Crosby St, Newyork **위치** 지하철 R, W호선 Prince St 역에서 도보 2분 **시간** 10:00~21:00(월~목), 10:00~18:00(금~일)/기부 시간: 10:00~17:00(월~금), 10:00~14:00(토~일) **홈페이지** housingworks.org **전화** 212-334-3324

저렴한 가격에 좋은 컨디션의 책을 살 수 있는 중고 서점으로, 1~2층으로 되어 있는 매장 내부는 규모가 작지 않아 도서관에 온 것 같은 느낌도 든다. 테이블도 마련돼 있어 앉아서 책을 읽기에도 좋고, 안쪽에는 베이커리와 커피, 맥주도 팔고 있어 카페 겸 바 역할도 하고 있다. 모든 책은 기부된 것들이며, 자원봉사자에 의해 운영되고 있고, 수익의 100%를 노숙자나 에이즈 환자를 돕는 데 사용하는 것이 특징이다. 서점뿐 아니라 의류나 소품도 판매하는 빈티지 숍도 뉴욕 전역에서 운영하고 있다.

채식 브런치 카페

바이 끌로에 by CHLOE. [바이 끌로에]

주소 240 Lafayette St, Newyork **위치** 지하철 6호선 Spring St역에서 도보 1분 **시간** 11:00~22:00(월~금), 10:00~22:00(토~일) **가격** $10.95(퀴노아 타코 샐러드), $8.95(클래식버거), $3.95(에어프라이드 고구마튀김) **홈페이지** eatbychloe.com **전화** 347-620-9620

채식주의자를 위한 비건 메뉴를 맛볼 수 있는 카페 겸 레스토랑이다. 맛과 포만감을 훼손하지 않으면서도 건강한 채식 메뉴를 만들기 위해 노력하고 있으며, 친환경 포장재를 활용하는 등 지속 가능한 라이프 스타일을 모토로 하고 있다. 샐러드류는 물론, 버거, 샌드위치, 면류도 인기가 많고, 아이스크림, 컵케이크, 주스 같은 디저트류도 팔고 있다. 뉴욕 전역에서 찾아볼 수 있으며, 테이크아웃을 할 때는 인터넷으로 미리 주문하면 줄을 서지 않고 음식을 받아갈 수 있다.

야외 테이블이 있는 버거 가게
소호 파크 SoHo Park [소호 파크]

주소 62 Prince St, Newyork 위치 지하철 R, W호선 Prince St역에서 도보 1분 시간 9:30~23:00(월~토), 9:30~22:00(일) 가격 $10.85(클래식 파크 버거), $11.35(피클 프라이) 홈페이지 sohopark62.com 전화 212-219-2129

2006년부터 오랫동안 자리를 지켜 온 소호의 대표적인 맛집 중 하나로, 큰 길에 자리하고 있는 데다 늘 사람이 많아 말 그대로 소호의 대표적인 공원 느낌이 나는 곳이다. 야외 테라스가 있고, 매장 역시 큰 유리창을 대부분 활짝 열어 두어 내부도 야외 같은 분위기가 난다. 햄버거에 맥주 한잔하는 사람들이 정말 많으며, 일반적인 프렌치프라이나 어니언링 대신 이곳에서만 파는 피클 또는 애호박 프라이 역시 인기가 좋다.

커다란 다이닝 테이블을 가진 베이커리 카페
르 팽 코티디앵 Le pain Quotidien [르 팽 코티디앵]

주소 65 Bleecker St, Newyork 위치 지하철 6호선 Bleecker St/Lafayette St역에서 도보 1분 시간 7:00~19:00(월~금), 8:00~19:00(토~일), 7:00~16:00(11월 28일, 12월 24일), 8:00~16:00(12월 31일), 8:00~18:00(1월 1일) 휴무 12월 25일 가격 $15.95(연어 타르틴), $7.49(벨기에 와플) 홈페이지 lepainquotidien.com 전화 646-797-4922

뉴욕 전역에 40여 개의 지점을 가진 베이커리로, 뉴욕에서 보기 드물게 여러 명이 식사를 공유할 수 있도록 커다란 테이블을 놓은 다이닝 룸이 특징이다. 게다가 테이블의 나무는 오래 전 기차에 쓰였던 나무를 사용하는 등 재활용 목재를 사용하고 있다. 전통과 소소한 행복을 중요하게 생각하는 브랜드 신념은 메뉴에도 담겨서 베이커리류의 맛도 괜찮다. 벨기에에서 영감을 얻은 타르틴(오픈 샌드위치 형태), 유기농 빵 등이 대표 메뉴며, 통유리로 되어 있는 조리실에서는 베이킹 클래스도 진행하고 있다.

신발에 특화된 스트릿 브랜드 편집 매장
키스 Kith [키스]

주소 337 Lafayette St, Newyork **위치** 지하철 6호선 Bleecker St/Lafayette St역에서 도보 1분 **시간** 10:00~21:00(월~토), 11:00~20:00(일) **가격** 트리츠 매장: $8(아이스크림), $8.5(밀크세이크) **홈페이지** kith. com **전화** 646-797-4922

노호의 대표적인 쇼핑 플레이스로, 자체 브랜드뿐 아니라 각종 스트리트 브랜드 제품들을 팔고 있는 트렌디한 편집 매장이다. 늘 매장 디스플레이에 신경 쓰는 편이며, 신발, 의류, 액세서리, 라이프 스타일 소품들을 다양하게 볼 수 있다. 특히 설립자인 로니 피그는 13살 때부터 신발 매장에서 일해 온 스니커즈 마니아로, 키스의 신발 컬렉션은 언제나 주목할 만하다. 매장 2층 한쪽에는 키스 트리츠Kith treats 매장도 운영하고 있는데, 아이스크림이 정말 맛있을 뿐 아니라 통유리 너머로 소호-노호 거리를 내려다볼 수도 있어 좋다. 어린아이가 있다면 한 블록 옆의 키즈 매장도 가 볼 만하다.

한국 셀럽들도 사랑하는 여성 브랜드 매장
리포메이션 Reformation [리포메이션]

주소 39 Bond St, Newyork **위치** 지하철 6호선 Bleecker St/Lafayette St역에서 도보 3분 **시간** 11:00~20:00(월~토), 11:00~19:00(일) **홈페이지** thereformation.com **전화** 855-756-0560

지속 가능성을 모토로 한 미국 여성 의류 브랜드로, 데일리룩부터 웨딩드레스까지 다루고 있다. 주로 원피스류가 인기가 많으며, 최근 한국에서도 여러 셀럽들이 입고 나오며 인기가 많아졌다. 옷의 디자인도 예쁘지만 무엇보다 제품의 75%는 재생 가능한 식물성 섬유와 천연 섬유로, 15%는 데드스탁 섬유(다른 브랜드와 직물 창고에서 만들었지만 사용하지 않은 섬유), 2~5%는 빈티지 섬유로 만드는 등 친환경적인 제조 공정을 실행하고 있는 것이 특징이다. 뉴욕에 여러 개의 매장이 있으며, 이곳에서는 수영복도 들어와 있다.

팝업 스토어 쇼룸형 편집 매장
쇼필즈 SHOWFIELDS [쇼필즈]

주소 11 Bond St, Newyork **위치** 지하철 6호선 Bleecker St/Lafayette St역에서 도보 1분 **시간** 12:00~ 20:00(월), 11:00~20:00(화~토), 11:00~19:00(일) **홈페이지** showfields.com **전화** 646-289-5041

'세상에서 가장 재미있는 매장'이라는 모토를 가지고 운영되는 독특한 편집 매장이다. 3층까지 있는 큰 건물 안에 20여 개의 브랜드가 부스를 나눠 가지고 있는데, 모든 부스는 회화, 설치 미술, 비디오 아트 등을 활용해 작은 미술관처럼 꾸며져 있다. 3층에서 2층으로 내려올 때는 미끄럼틀을 타고 내려올 수도 있어 재미를 더한다. 예술과 소비가 동시에 이루어지는 곳으로, 아티스트의 예술 작품부터 의류, 가구, 반려동물용품, 전자제품 등 어느 한쪽에 국한되지 않고 다양한 브랜드들이 입점해 있다.

희귀 사진집이 있는 독립 서점
대시우드 북스 Dashwood books [대시우드 북스]

주소 33 Bond St, Newyork **위치** 지하철 6호선 Bleecker St/Lafayette St역에서 도보 3분 **시간** 1~8월: 12:00~20:00(화~토), 12:00~19:00(일)/ 9~12월: 12:00~20:00(월~토), 12:00~19:00(일) **휴점** 11월 28~ 29일, 12월 25~26일 **홈페이지** dashwoodbooks.com **전화** 212-387-8520

작지만 알찬 서점으로, 이미 절판돼 구하기 어려운 희귀본들도 볼 수 있는 곳이다. 주로 컨템퍼러리 사진 작가의 사진집을 많이 모아 두고 있으며, 자체적으로 독립 서적을 출판하기도 한다. 출판 행사나 사인회, 큐레이팅 행사도 종종 하고 있고, 세일 기간에는 정가의 50%까지도 할인하는 경우가 있어 패션, 광고, 영화에 관심 있는 사람이라면 꼭 방문해 봐야 할 곳이다.

놀리타 & 리틀 이태리
Nolita & Little Italy

바로 옆 소호가 쇼핑 천국이라면 놀리타와 리틀 이태리는 맛집의 천국이다. '리틀 이태리의 북쪽North of Little Italy'이라는 뜻을 가진 놀리타Nolita부터 리틀 이태리까지 쭉 뉴

Best Course

더 부처스 도처(브런치)

도보 5분
🔻

뉴 뮤지엄

도보 3분
🔻

슈프림(놀리타 쇼핑)

도보 10분
🔻

롬바르디스(식사)

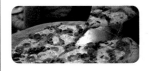

Tip.
놀리타의 예쁜 숍과 카페 골목을 지나
뉴욕 현대 미술관인 뉴뮤지엄에 들렀다
가 리틀 이태리나 차이나타운에서 식사
를 즐겨 보자.

욕 특유의 브라운스톤 건물이 줄지어 있는데,
1층에는 대부분 카페, 레스토랑, 디자이너 매
장들이 들어와 있다. 처음에는 소호 지역의
고급 주택가를 피해 생겨난 구역이지만, 지금
은 놀리타 역시 거대한 상업 구역이 됐다. 트
렌디하게 꾸며진 쇼윈도, 야외 테라스가 있는
카페들이 많아 이곳도 뉴욕 여행 중 꼭 방문
하게 되는 곳이다.

르 뺑 코티디엥
Le Pain Quotidien

쇼필드
SHOWFIELDS

키스
Kith

리포메이션
Reformation

대쉬우드 북스
Dashwood Books

Ⓜ Broadway-Lafayette St Station

Victoria's Secret

Rosie's

The Mercer Kitchen

하우징 웍스
Housing Works Bookstore Cafe & Bar

레인스 스토어 뉴욕
Rains Store New York

Bowery Mural

파피루스
Papyrus

소호 파크
Soho Park

세잔
L'Appartement Sézane

Uniqlo Soho

The Basilica of
St. Patrick's Old Cathedral

와일드팡
Wildfang

르 라보
Le Labo

모마 디자인 스토어
MoMA Design Store

바이 끌로에
by CHLOE.

이나
INA

뉴 뮤지엄
New museum

Purl Soho

Freemans

놀리타 & 리틀 이태리

메쥬리
Mejuri

라이스 투 리치스
Rice To Riches

La Esquina

롬바르디스 피자
Lombardi's

피아트 카페
Fiat Café

Vandal

슈프림
Supreme

Seamore's Nolita

더 부쳐스 도터
The Butcher's Daughter

Maman

코코론
Cocoron

Necessary Clothing

Onieal's Bar and Restaurant

Pacific Aquarium
& Plant Inc

Museum of Chinese in America

BANG BANG

Le Coucou

탕 핫팟
Tang Hotpot

Ⓜ Canal St

더트 캔
Dirt Can

Ⓜ Canal St

New York Mart

스위트 모먼트
Sweet Momen

Hong Kong Supermarket

K-One Karaoke Bar

상하이 덤플링
Shanghai Dumpling

신카 라멘
Shinka Ramen & Sake Bar

Whiskey Tavern

Hou Yi Hot Pot

Jing Fong

Eggloo

Metrograph Commissary

Great NY Noodletown

합리적인 가격의 데일리 쥬얼리 쇼룸
메쥬리 MEJURI [메쥬리]

주소 43 Spring St, Newyork **위치** 지하철 6호선 Spring St역에서 도보 2분 **시간** 12:00~20:00(월~금), 11:00~20:00(토), 12:00~18:00(일) **가격** $69(14K 심플 링), $175(다이아몬드 솔로 링) **홈페이지** mejuri.com **전화** 310-597-4745

일상에서 사용할 수 있는 가벼운 쥬얼리를 만드는 액세서리 브랜드의 쇼룸이다. 비교적 심플한 디자인의 액세서리를 꽤 합리적인 가격으로 만나 볼 수 있다. 깔끔한 화이트톤과 밝은 나무를 사용해 예쁘게 꾸며진 쇼룸에서 모든 제품을 직접 착용해 볼 수 있으며, 아이패드로 온라인과 연동돼 그 자리에서 직접 구매하거나 바로 다음 날 받아 갈 수 있다.

중고 의류 위탁 판매점
이나 INA [이나]

주소 19 & 21 prince St, Newyork **위치** 지하철 R, W호선 Prince St역에서 도보 5분 **시간** 12:00~20:00(월~토), 12:00~19:00(일) **홈페이지** Inanyc.com **전화** 212-334-2210(MEN), 212-334-9048(WOMEN)

1993년부터 운영해 온 디자이너 위탁 판매점으로, 여성복 매장과 남성복 매장이 한 골목에 나란히 붙어 있다. 주로 중고가의 빈티지 제품을 다루고 있으며, 40년 이상 뉴욕 패션 산업에서 종사해온 창립자 이나 번스타인Ina Bernstein이 패션계에 가지고 있는 다양한 네트워크를 기반으로 디자이너 브랜드의 최신 제품이나 한정판 아이템을 들여오기도 한다. 또 위탁 판매도 하고 있어, 판매할 제품을 가지고 있다면 미리 약속을 잡고 방문하는 것도 좋다.

프리미엄 향수 브랜드 매장
르라보 Le labo [르 라보]

주소 233 Elizabeth St, Newyork 위치 지하철 R, W호선 Prince St역에서 도보 5분 시간 11:00~19:00 가격 $189(파인 50ml), $310(시티 익스클루시브 50ml) 홈페이지 lelabofragrances.com 전화 212-219-2230

뉴욕을 기반으로 한 고급 향수 브랜드로, 향수와 향초 등을 판매하고 있다. 파라벤, 방부제, 착색제를 포함하지 않고 동물 실험도 하지 않는 비건 브랜드로, 장인이 직접 향수를 만들기로 유명하다. 구매 시에는 상자와 향수병에 이름을 라벨링해 포장해 준다. 향은 17개의 파인 라인과 13개의 시티 익스클루시브 라인으로 나누어져 있는데, 시티 익스클루시브는 13개의 특정 도시에서만 판매한다. 뉴욕의 향은 튜베로즈 Tubereuse40로, 아프리카 오렌지 플라워, 베르가못, 탠저린 등 40개의 재료가 들어가 있다.

파리지앵의 감성을 담은 여성 의류 브랜드
세잔 L'appartement Sezane [라빠르트망 세잔]

주소 254 Elizabeth St, Newyork 위치 ①지하철 B, D, F, M호선 Broadway-Lafayette St역에서 도보 4분 ②지하철 R, W호선 Prince St역에서 도보 6분 시간 11:00~19:00(화~토), 12:00~18:00(일) 휴무 월요일 및 홈페이지 확인 홈페이지 sezane.com/us/nyc

프랑스의 여성 의류 브랜드 세잔의 매장으로, 집처럼 느껴지도록 편안하게 디자인된 곳이다. 처음부터 온라인 판매를 중심으로 만들어진 브랜드로, 비교적 저렴한 가격에 파리지앵의 감성을 더한 제품들을 만나볼 수 있다. 매주 금요일에는 칵테일, 간식을 나누는 워크숍을, 매달 첫 주에는 작가나 아티스트를 초청해 커뮤니티 행사를 열고 있다. 더불어 한 시간 동안 개인 스타일링을 해 주는 세션도 무료로 진행하고 있으며, 온라인으로 예약이 가능하다.

©nycgo

실험적인 전시가 자주 열리는 현대 미술관
뉴 뮤지엄 New museum [뉴뮤지엄]

주소 235 Bowery, Newyork 위치 지하철 J, Z호선 Bowery역에서 도보 4분 시간 11:00~18:00(화~수), 11:00~21:00(목), 11:00~18:00(금~일)/무료 가이드 투어: 15:00(화, 수, 금), 12:30 & 15:00(목, 토, 일) 요금 $18(어른), $15(노인, 장애인-보호자는 무료), $12(학생), 무료(15세 이하), 기부 입장(목, 19:00~21:00) 홈페이지 newmuseum.org 전화 212-219-1222

휘트니 미술관에서 10년 동안 큐레이터로 일해 온 마르샤 터커Marcia Tucker에 의해 1977년, 아직 죽지 않고 살아 있는 예술가만을 소개하기 위한 목적으로 설립된 현대 미술관이다. 최근에는 사망한 예술가도 전시에 포함하도록 원칙을 개정했지만, 계속해서 미국에서 아직 주목받지 못한 아티스트들을 발굴하고 있다. 다양성과 자유를 중시하는 신념에 입각한 실험적인 전시를 하고 있어 방문해 볼 만하다.

 라이스 푸딩 디저트 카페
라이스 투 리치스 rice to riches [라이스 투 리치스]

주소 37 Spring St, Newyork **위치** 지하철 6호선 Spring St역에서 도보 2분 **시간** 11:00~23:00(일~목), 11:00~다음 날 1:00(금, 토) **가격** $9.75(2인용 에픽[500ml]) $13.5(3인용), $27.5(5인용) **홈페이지** ricetoriches.com **전화** 212-274-0008

죽과 아이스크림을 섞은 형태의 독특한 디저트, 라이스 푸딩을 팔고 있는 디저트 매장이다. 대만이나 중국에서 영감을 얻은 것 같은 유니크한 디저트로 호불호는 갈리는 편이지만, 인공 색소나 보존료를 넣지 않은 건강한 맛 덕분에 꽤 인기가 좋은 편이다. 아이스크림 가게처럼 먼저 기본이 되는 20여 가지의 맛 중 1~3개를 선택하고 토핑 추가 여부를 결정할 수 있다. 매장 내부는 재미난 문구가 쓰인 팻말을 천장에 달아 독특하게 꾸며 놓았는데, 캐릭터와 문구가 적힌 자석도 한쪽에서 팔고 있다.

 자동차 피아트 콘셉트의 레스토랑
피아트 카페 Fiat café [피아트 카페]

주소 203 Mott St, Newyork **위치** 지하철 6호선 Spring St역에서 도보 2분 **시간** 8:00~23:00/ 브런치(토, 일): 8:00~17:00(현금 결제) **가격** $10.5(버섯치즈오믈렛), $14(까르보나라), $9.5~10.5(글라스와인) **홈페이지** fiatcafenyc.com **전화** 212-969-1809

이탈리아의 자동차 피아트를 테마로 한 카페 겸 레스토랑으로, 2010년부터 운영해 온 인기 있는 곳이다. 메뉴판과 카페 내부에 피아트 그림이 그려져 있고, 핑크와 레드를 활용해 편안한 느낌이 드는 곳이다. 브런치 메뉴부터 와인을 곁들일 수 있는 저녁 메뉴까지 판매하고 있으며, 다양한 종류의 파스타가 특히 맛있었다.

 리틀 이태리를 대표하는 피자집
롬바르디스 피자 Lombardi's Pizza [롬바르디스]

주소 32 Spring St, Newyork **위치** 지하철 6호선 Spring St역에서 도보 2분 **시간** 11:30~23:00(일~목),
11:30~24:00(금~토) **가격** $21.5~24.5(마르게리타), $23.5~27.5(화이트피자) **홈페이지** firstpizza.com **전화**
212-941-7994

리틀 이태리의 대표 피자집으로, 1905년부터 이곳을 지키며 뉴욕 스타일의 피자를 발전시켜 온 레스토
랑이다. 신선한 토마토 소스와 모차렐라, 바질을 올려 화덕에서 구워 낸 피자를 먹기 위해 매일 많은 사람
들이 찾아온다. 기본 피자를 선택한 뒤 토핑을 골라 추가하는 방식으로 주문하면 되는데, 토마토 소스 베
이스의 마르게리타와 치즈 베이스의 화이트피자도 맛있다. 토핑은 한국 피자처럼 많이 얹는 것보다는 한
두 가지만 얹는 것이 적당하며, 튀긴 마늘 청경채Sauteed Garlic Spinach를 추천한다.

 건강한 채식 레스토랑
더 부처스 도터 THE BUTCHER'S DAUGHTER [더 부처스 도러]

주소 19 Kenmare St, Newyork **위치** 지하철 J, Z호선 Bowery역에서 도보 1분 **시간** 8:00~22:00 **가격** $14 (크랩 케이크), $15(BLT 샌드위치), $10~11(주스) **홈페이지** thebutchersdaughter.com **전화** 212-219-3434

채식주의자를 위한 비건 메뉴를 갖춘 카페 겸 레스토랑으로, 매일 오전 8시부터 밤 10시까지 운영해 하루 세 끼 식사를 모두 책임질 수 있는 곳이다. 과일과 채소도 고기처럼 잘게 자르고 필렛하고 조각하는 등 다양하게 조리하며, 채식 메뉴를 꾸준히 추가해 업데이트하고 있다. 브런치 메뉴는 물론, 건강한 과일과 채소를 갈아 만든 주스도 인기가 좋다. 뉴욕 전역에 여러 개의 매장을 가지고 있으며, 인기가 좋아 피크 타임에는 30분 이상 기다려야 할 수도 있다.

스트리트 브랜드의 대표 주자
슈프림 Supreme [슈프림]

주소 190 Bowery, Newyork 위치 ①지하철 J, Z호선 Bowery역에서 도보 2분 ②지하철 6호선 Spring St역
에서 도보 4분 시간 11:00~19:00(월~토), 12:00~18:00(일) 홈페이지 supremenewyork.com 전화 212-
966-7799

세계 스트리트 패션을 이끌고 있다 해도 과언이 아닌 브랜드로, 1994년 뉴욕에서 처음 문을 열었다. 스케
이트를 탄 채로 들어와 구경할 수 있도록 만들어진 매장 디자인, 스케이터와 힙합퍼로 구성된 점원들로 다
져진 아이덴티티를 통해 빠르게 성장했다. 처음부터 지금까지 신제품은 정해진 드롭데이에만 한정수량만
큼만 출시하고 있으며, 공식매장이 전 세계에 열두 개밖에 없어 매장에서 구매한 옷을 되파는 '리셀러'를
직업으로 하는 사람도 있을 정도다.

맛 좋은 소바 누들 레스토랑
코코론 Cocoron [코코론]

주소 37 Kenmare St, Newyork 위치 지하철 J, Z호선 Bowery역에서 도보 2분 시간 점심: 12:00~15:40(마
지막 주문 15:15)/ 저녁: 17:30~23:00(마지막 주문 22:45) 가격 $16.5~17.5(메라 메라 딥 소바, 웜 포크 김치 소바)
홈페이지 cocoronandgoemon.com 전화 212-966-0800

퓨전 아시안 푸드를 맛볼 수 있는 레스토랑으로, 근처에 조금씩 다른 메뉴를 가진 다섯 개의 지점을 가지고
있다. 코코론에서는 소바 면을 맛볼 수 있는데, 그중 메라 메라 딥 소바는 쌈장을 풀어 맛을 낸 것 같은 따
끈한 국물에 면을 담가 먹을 수 있는 시그니처 메뉴다. 처음부터 국물에 면이 담겨 함께 나오는 웜warm 소
바와 차가운 국물과 함께 나오는 콜드cold 소바도 있으며, 한국, 일본, 태국 등 다양한 방식이 절묘하게 섞
인 신선한 맛을 느낄 수 있다.

차이나타운 Chinatown

주소 Chatham Square~Hester St, Newyork **위치** ①지하철 B, D호선 Grand St역에서 도보 2분 ②지하철 J, Z호선 Canal St 역에서 도보 4분

미드타운의 코리아타운처럼, 리틀 이태리 남쪽으로는 중국이 들어와 있다. 한인 이주민처럼 대다수의 중국 이주민도 퀸스나 브루클린에서 많이 거주하고 있으며, 이곳 맨해튼의 차이나타운은 중국 음식점과 중국 시장을 찾아볼 수 있는 도심 속의 중국이다. 차이나타운 길에 들어서자마자 중국어로 쓰여진 빨간 색의 간판들은 물론, 해산물이나 향료, 야채 등을 가판대에 진열해둔 중국 마켓들이 눈에 들어온다. 공원에서 장기를 두는 어르신도 심심치 않게 볼 수 있다. 이곳의 중국식 국수나 만두를 파는 음식점에서는 비교적 저렴한 가격에 푸짐한 식사를 할 수 있으며, 기념품 가게에서도 미드타운보다 비교적 저렴하게 판매하고 있어 구경해볼 만하다.

훠궈 레스토랑 맛집

탕 핫팟 Tang hotpot [탕 핫팟]

모던한 분위기의 훠궈 레스토랑으로, 현지인에게는 조금 생소할지 몰라도 훠궈 본연의 맛을 느낄 수 있는 곳이다. 여행 중 뜨끈한 국물을 맛볼 수 있다.

주소 135 Bowery, Newyork **위치** 지하철 B, D호선 Grand St역에서 도보 2분 **시간** 점심: 12:00~15:30(수~일) / 저녁: 17:00~24:00(월~일) **홈페이지** tanghotpotnyc.com **전화** 917-421-9330

라멘 레스토랑
신카 라멘 SHINKA RAMEN & SAKE BAR [신카 라멘 앤 사케 바]

뉴욕에서 진한 국물의 라멘을 맛볼 수 있는 곳으로, 립, 치킨 윙, 교자 같은 메뉴도 있다. 현지인들도 많이 찾는 레스토랑이다.

주소 93 Bowery, Newyork 위치 지하철 B, D호선 Grand St역에서 도보 4분 시간 월~금: 17:00~23:00/ 금: 17:00~24:00/ 토: 11:30~14:30, 17:00~24:00/ 일: 11:30~14:30, 17:00~22:00 홈페이지 shinkaramen.com 전화 212-991-8666

오래된 만두 가게
상하이 덤플링 Shanghai Dumpling [상하이 덤플링]

현지인들도 많이 찾는 만두 가게로, 비교적 합리적인 가격에 배불리 먹을 수 있는 곳이다. 만두는 대나무 찜통에 담겨져 나오며, 볶음밥이나 다른 요리들도 맛있는 편이다.

주소 100 Mott St, Newyork 위치 지하철 J, Z호선 Canal St역에서 도보 5분 시간 11:30~21:30(일~목), 11:30~22:30(금, 토) 전화 212-966-3988

작은 디저트 카페
스위트 모먼트 sweet moment [스윗 모먼트]

달달한 디저트 카페로, 검은깨 빙수, 맛차 빙수 등 다양한 종류의 빙수와 다양한 토핑이 예쁘게 올라간 와플 등을 팔고 있다. 우유크림으로 그림을 그려주는 라떼도 있어 한번쯤 들러볼 만하다.

주소 106 Mott St, Newyork 위치 지하철 J, Z호선 Canal St역에서 도보 5분 시간 10:00~22:00(일~목), 10:00~23:00(금·토) *마지막 주문은 마감 30분 전 홈페이지 sweetmoment.nyc 전화 212-226-8724

로어 이스트 사이드

Lower East Side

한쪽으로는 소호, 강 건너 다른 한쪽으로는
윌리엄스버그. 뉴욕에서 가장 힙한 두 지역
을 양쪽으로 끼고 있는 로우어 이스트 사이드
는 이전까지는 크게 각광받지 못했지만 최근

Best Course

주택박물관

도보 6분

⊙

나카무라(점심)

도보 5분

⊙

슈퍼문 베이크하우스(디저트)

도보 2분

⊙

윌리엄스버그 다리

- - - - - - - - - - - - - - - - - - - -

Tip.

유명한 브런치 카페나 디저트 카페에 들렀다가 테너먼트 뮤지엄을 구경하거나, 해질 무렵 윌리엄스버그다리 근처에서 석양을 즐긴 뒤 레스토랑이나 바를 찾아가보자.

1~2년 사이 주목받고 있는 지역이다. 좁다란 골목골목 들어와 있는 트렌디한 바는 밤 늦게까지 영업하는 편이며, 오랜 시간 이곳을 지켜온 카페와 레스토랑들도 인기가 좋다. 특히 옛 건물의 형태는 그대로 살린 채 소박하면서도 멋스럽게 꾸민 곳들이 많아 예쁜 사진을 찍기 좋다. 시간이 지날수록 더 멋있어질 떠오르는 핫 플레이스다.

로어 이스트 사이드

Black Ant

Somtum Der

Rosie's

2nd Ave

E 34th St

1st Avenue

Bowery

E 3rd St

d.b.a.

E 1st St

Avenue A

Lil' Frankie's

E 2nd St

The Grayson

Supper

Chrystie St

Mezetto

E Houston St

Boulton & Watt

Bob Bar

Stanton St

더 미트볼 숍
The Meatball Shop

Mr. Purple

China Town

Eldridge St

Allen St

피자 비치
Pizza Beach

클린턴 스트릿 베이킹 컴퍼니
Clinton St. Baking Company

Rivington St

피아노스
Pianos

Beauty & Essex

Ivan Ramen

Stanton St

Pacific Aquarium & Plant Inc

슈퍼문 베이크하우스
Supermoon Bakehouse

Delancey St

러스 앤 도터스 카페
Russ & Daughters Cafe

Pig and Khao

Rivington St

Nitecap

주택 박물관
Tenement Museum

The Back Room

International Center of Photography Museum

더트 캔디
Dirt Candy

나카무라
Nakamura

Delancey St

Allen St

Williamsburg Bridge

Broome St

GrandLo Cafe

Grand St

도넛 플랜트
Doughnut Plant

Rite Aid

Essex St

Metrograph Commissary

Grand St

맨해튼과 브루클린을 잇는 다리

윌리엄스버그 다리 Williamsburg Bridge [윌리엄스버그 브릿지]

주소 165 Delancey St, Newyork 위치 지하철 F, M, J, Z호선 Delancey St역에서 도보 4분 홈페이지 nyc. gov 전화 800-221-9903

맨해튼과 브루클린을 잇는 다리로, 1층에는 자동차와 지하철이, 2층에는 사람과 자전거가 다니는 복층 구조다. 브루클린과 맨해튼을 잇는 브루클린 다리나 맨해튼교보다는 덜 유명하지만, 컬러풀하게 칠해진 철제 다리는 충분히 멋스럽다. 윌리엄스버그 지역에 사는 사람들은 출퇴근 시 주로 이 다리를 건너 맨해튼을 오가며, 로우 이스트 사이드에서 걸어서 윌리엄스버그까지는 도보로 30분 정도, 지하철로 7분 정도 걸린다. 다리 위에서 바라보는 맨해튼 전경도 굉장히 아름답다.

1800년대 이민자의 삶이 보존된 주택 박물관

주택 박물관 TENEMENT MUSEUM [테너먼트 뮤지엄]

주소 103 Orchard St, Newyork 위치 지하철 F, M, J, Z호선 Delancey St역에서 도보 2분 시간 10:00~ 18:30(월~수, 금, 일), 10:00~20:30(목), 10:00~19:00(토) 요금 $27(어른), $22(학생) 홈페이지 tenement. org 전화 877-975-3786

과거 미국으로 건너왔던 이민자들의 삶을 다루고 있는 박물관이다. 1863년에 지어진 5층짜리 주택 두 개로 이루어져 있는데, 실제로 1800년대부터 1900년대 초반까지 아메리칸 드림을 꿈꾸며 이민왔던 약 7천 명이 머물렀던 곳이다. 1990년대부터 국가 유적으로 관리돼, 과거 사용했던 가구, 의류, 타일이나 사진, 서적 등 5천여 개가 보존되고 있다. 뮤지엄에서는 로어 이스트 사이드 지역의 역사 깊은 건물이나 거리를 함께 걸으며 설명해 주는 워킹 투어, 당시의 모습을 복원해 둔 방을 둘러보는 아파트먼트 투어에 참여해 볼 수 있다.

©TENEMENT MUSEUM

훈제 연어 베이글 맛집
러스 앤 도터스 RUSS & DAUGHTERS CAFE [러스앤도러스 카페]

주소 127 Orchard St, Newyork **위치** 지하철 F,M,J,Z호선 Delancey St역에서 도보 3분 **시간** 9:00~22:00 (월~금), 8:00~22:00(토~일) **가격** $18(더 클래식 보드), $11(화이트 피시 차우더 수프) **홈페이지** russanddaughterscafe.com **전화** 212-475-4880

폴란드 이주민 출신의 러스 가족이 1914년부터 4대째 운영하고 있는 곳으로, 본점인 테이크아웃 숍과 테이블이 있는 카페 레스토랑이 한 블록 옆에 함께 있다. 전통 방식을 고수해 만드는 훈제 생선과 베이글은 대표적인 유대인 전채 요리로, 이곳의 시그니처는 훈제 연어 슬라이스다. 카페에서는 훈제 연어와 토마토, 양파, 베이글이 함께 나오는 더 클래식 보드를, 숍에서는 록스Lox 베이글이 기본적인 메뉴다. 카페의 경우 항상 인기가 많아 오픈 시간에 맞춰 가지 않으면 1~2시간 대기가 필수니 참고하자.

미트볼 전문 레스토랑
더 미트볼 숍 THE MEATBALL SHOP [더 미트볼 샵]

주소 84 Stanton St, Newyork **위치** 지하철 F호선 2 Avenue역에서 도보 3분 **시간** 17:00~다음 날 1:00(월~목), 17:00~다음 날 2:00(금), 11:30~다음 날 2:00(토), 11:30~24:00(일)/브런치(토, 일): 11:30~16:00 **가격** $10.5(네이키드[미트볼 4개]), $7(사이드) **홈페이지** themeatballshop.com **전화** 212-982-8895

2010년 로어 이스트 사이드에서 시작해 지금은 뉴욕 전역에 분점을 가진 미트볼 전문 레스토랑이다. 기본적으로 미트볼의 종류와 소스를 선택하고 사이드 토핑을 선택하는 방식으로 주문하며, 미트볼은 돼지고기, 닭고기는 물론 채식주의자를 고려해 연어, 랍스터, 야채로도 만들어진다. 미트볼 메인 메뉴뿐 아니라 미트볼이 들어간 리소토, 파스타, 버거 메뉴도 있으며, 테이크아웃으로도 깔끔하게 즐길 수 있어 인기가 좋다.

휴양지 느낌 물씬 나는 피자집
피자 비치 Pizza beach [피자 비치]

주소 167 Orchard St, Newyork **위치** 지하철 F호선 2 Avenue역에서 도보 3분 **시간** 점심: 11:00~17:00(토), 12:00~17:00(일)/저녁: 17:00~23:0/심야 메뉴: 23:00~24:00(월~수), 23:00~다음 날 1:00(목), 23:00~다음 날 2:00(금~토) **가격** $16(말리부), $20(발리), $19(산타모니카) **홈페이지** pizzabeach.com **전화** 646-852-6478

민트색 외관, 빨간 색 포인트에 바다 사진이 걸려있는 내부 인테리어 덕분에 휴양지에 놀라온 느낌이 드는 레스토랑이다. 메뉴 이름도 캘리포니아와 세계 유명한 해변의 이름에서 따왔다. 다른 곳에서 흔히 볼 수 없는 독특한 피자들과 샐러드, 새우 타코, 미트볼 같은 일반 메뉴들도 맛볼 수 있다. 저녁식사 시에는 홈페이지를 통해 미리 예약하고 방문하는 것이 좋다.

분위기 좋은 클럽 겸 라이브 바
피아노스 Pianos [피아노스]

주소 158 Ludlow St, Newyork **위치** 지하철 F, M, J, Z호선 Delancey St-Essex St역에서 도보 4분 **시간** 14:00~다음 날 4:00 **가격** $12(클래식 치즈버거), $13(나초), $8(감자튀김) **홈페이지** pianosnyc.com **전화** 212-505-3733

밴드의 라이브 공연과 디제잉이 이루어지는 클럽 겸 바로, 늦은 시간까지 문을 열어 인기 있는 곳 중 하나다. 메인 스테이지가 있는 라이브 룸과 한 층 위 라운지로 나누어져 있으며, 라이브 룸 공연은 온라인 예매를 해야 한다. 공연 커버료는 $8에서 $15 사이로 꽤 합리적인 편이며, 가벼운 식사와 음료를 곁들일 수 있다. 2층 라운지는 클럽처럼 되어 있어 모두 함께 춤을 추는 분위기다. 뉴욕스러운 밤문화를 즐기고 싶다면 한 번쯤 들러 볼 만하다.

뉴요커가 사랑하는 팬케이크
클린턴 스트리트 베이킹 CLINTON ST. BAKING COMPANY [클린턴 스트릿 베이킹 컴퍼니]

주소 4 Clinton St, Newyork **위치** 지하철 F호선 2 Avenue역에서 도보 6분 **시간** 월~금: 8:00~16:00(아침), 11:30~16:00(점심), 17:30~23:00(저녁) / 토: 9:00~16:00(브런치), 17:30~23:00(저녁) *브레이크타임 (16:00~17:30) / 일: 9:00~17:00 * 저녁 없음 **가격** $15(팬케이크), $13(클린턴스트리트 오믈렛), $19(치킨앤와플) **홈페이지** clintonstreetbaking.com **전화** 646-602-6263

20여 년째 자리를 지키며 많은 사람들에게 뉴욕 최고의 브런치 카페로 인정받는 곳이다. 아침 식사뿐 아니라 버거나 스테이크, 치킨앤와플 등 저녁 메뉴도 팔고 있지만, 단연 이곳의 대표 메뉴는 팬케이크다. 셰이크 또는 무제한 리필되는 바텀리스 커피와 함께 정통 미국식 브런치 메뉴를 즐겨 보는 것도 좋다. 주말에는 따로 예약을 받지 않아 대기 시간이 길기 때문에, 오픈 시간 전부터 줄을 서는 사람들도 많다. 또 현금으로만 결제가 가능하니 참고하자.

 인스타 감성의 베이커리 카페
슈퍼문 베이크하우스 supermoon bakehouse [슈퍼문 베이크하우스]

주소 120 Rivington St, Newyork 위치 지하철 F, M, J, Z호선 Delancey St-Essex St역에서 도보 2분 시간 8:00~22:00(월~목), 8:00~23:00(금), 9:00~23:00(토, 일) 가격 $9(바나나 스플릿 선데), $6(슈퍼문 초콜릿 크루아상) 홈페이지 supermoonbakehouse.com

작지만 존재감 강한 베이커리 겸 카페로, 크루아상과 머핀을 합친 크러핀을 만들었던 셰프가 운영하고 있다. 핑크색 대리석과 시멘트, 네온사인과 야자나무에 통유리로 꾸며진 매장은 딱 요즘 스타일이다. 게다가 다양한 종류의 빵도 눈과 입을 모두 즐겁게 한다. 기본적인 크루아상은 물론, 레몬과 체리잼으로 상큼한 맛을 낸 카놀리 크러핀, 크루아상 안을 색깔 있는 크림으로 채운 스위트 필드 크루아상 등이 대표 메뉴다. 다섯개를 사면 담아 주는 상자도 예쁘게 디자인돼 있어 한 개쯤 더 집게 되는 곳이다.

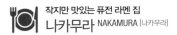

작지만 맛있는 퓨전 라멘 집
나카무라 NAKAMURA [나카무라]

주소 172 Delancey St, Newyork　**위치** 지하철 F, M, J, Z호선 Delancey St-Essex St역에서 도보 4분　**시간** 11:30~23:30(월~토)　**휴무** 일요일　**가격** $8(데판 교자), $14(토리가라), $21(트러플미소)　**홈페이지** nakamuranyc.com　**전화** 212-614-1810

뜨끈한 라멘이 먹고 싶을 때 들르기 좋은 곳으로, 윌리엄스버그 다리 바로 앞에 자리한 조그만 매장이다. 일본라멘집이지만 커리와 고수로 국물을 낸 커리 스파이스나 매콤한 태국누들 느낌의 샤키샤키 스파이시 등 퓨전아시안 면류도 있다. 시그니처인 토리가라와 지도리 라멘은 일반적인 일본라멘과 비슷하며, 바삭하게 구워져 나오는 데판 교자는 정말 맛있어 함께 곁들이기 좋다.

채식 파인 다이닝을 맛볼 수 있는 레스토랑
더트 캔디 Dirt Candy [더트 캔디]

주소 172 Delancey St, Newyork　**위치** 지하철 B, D호선 Grand Street역에서 도보 4분　**시간** 17:30~23:00(화~토)　**휴무** 일, 월　**가격** $65(베지터블 패치[5코스]), $99(베지터블 가든[10코스]), $50~70(와인페어링)　**홈페이지** dirtcandynyc.com　**전화** 212-228-7732

솜사탕과 컬러풀한 사탕을 팔 것 같은 이름과는 달리 이곳은 뉴욕 최초의 채식 식당이다. 거의 10년째 꾸준히 퀄리티 좋은 채식 메뉴를 만들고 있으며, 《미쉐린 가이드》에 이름을 올린 적도 있다. 단일 메뉴를 내놓지 않고, 시즌마다 조금씩 달라지는 요리들을 5개 또는 10개 코스로 맛볼 수 있는 두 가지 테이스팅 메뉴가 있는 것이 특징이다. 가지로 만든 티라미수, 무로 만든 칵테일, 애호박으로 만든 타코야키 등 참신한 메뉴를 계속해서 개발하고 있어 여행 중 한 번 들러 볼 만한 레스토랑이다.

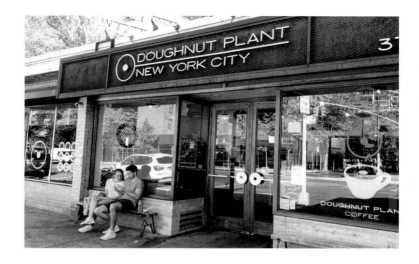

 도넛 장인의 집
도넛 플랜트 Doughnut plant [도넛 플랜트]

주소 379 Grand St, Newyork **위치** 지하철 F, M, J, Z호선 Delancey St-Essex St역에서 도보 3분 **시간** 6:30~23:00(일~목), 6:30~21:00(금, 토) **가격** $3.8(크림브륄레), $4(비건바나나), $5.25(로즈) **홈페이지** doughnutplant.com **전화** 212-505-3700

20여 년간 지금의 자리에서 자리를 지켜 온 뉴욕의 대표적인 도넛 가게다. 평범한 도넛 카페처럼 보이지만, 100년이 넘게 몇 대에 걸쳐 도넛을 만들어 왔으며, 세계 최초로 크렘 브륄레 도넛을 비롯해 여러 종류의 도넛을 개발하기도 했다. 달걀이 들어가지 않은 도넛과 동물성 재료를 일체 사용하지 않은 비건 도넛도 맛볼 수 있으며, 세 겹의 도넛이 뭉쳐져 꽃 모양으로 만들어진 장미 도넛도 인기 메뉴다. 매장 한쪽 벽면에는 도넛 모양 쿠션이 붙어 있어 인증 사진을 찍기에 좋다.

트라이베카
T r i b e c a

맨해튼에서 가장 현대적인 지역 중 하
나로, '캐널 스트리트 아래의 삼각형
Triangle Below Canal Street'이라는 의
미의 '트라이베카Tri-be-ca'라는 이름으
로 불린다. 매년 봄 트라이베카 영화제
가 열리며, 좁은 지역 안에 여러 개의 미
쉐린 레스토랑, 최고급 부티크 호텔이

Best Course

버비스

도보 5분

⬇

패트론 오브 더 뉴(쇼핑)

도보 10분

⬇

그랜드 뱅크스

- -

Tip.

크지 않은 동네로 특별한 관광 명소는 없어 힐링하기 좋은 곳이다. 근처 소호 나 로어 맨해튼과 함께 묶어 식사하러 오거나 허드슨 강변을 걸어보면 좋다.

자리하고 있어 문화를 선두하는 지역으로 알려져 있기도 하다. 널찍한 거리에 붉은 벽돌로 지어진 로프트와 최근에 지어진 컨템포러리 바나 레스토랑이 많으며, 서쪽으로 허드슨 강을 끼고 있어 비교적 여유롭고 세련된 라이프 스타일을 느낄 수 있다.

W Houston St

King St

Houston Street Station Ⓜ

Washington St

Hudson St

Jacques Torres 🍴

Westville Hudson 🍴

Charlton St

Holland Tunnel   Holland Tunnel

West St

Hotel Hugo Ⓗ

Vandam St   Essen Fast Slow Food 🍴

Ear Inn 🍴

Spring St

Spring Street Subway Station

Canal St

Dominick St

Varick St

La Sirène Soho 🍴

알로 소호
Arlo soho Ⓗ

Broome St

Watts St

China Blue 🍴

Black Tap

Holland Tunnel

Watts St

6th Ave

Desbrosses St

Vestry St

Hudson St

Sushi Azabu 🍴

Canal St Station Ⓜ

Soho Grand Hotel Ⓗ

West St

Laight St

Hubert St

Canal St

Holland Tunnel

다운타운 보트하우스
The Downtown Boathouse 📷

Wolfgang's Steakhouse 🍴

그랜드 뱅크스
Grand Banks

Beach St

Canal Street Station Ⓜ

Washington St

N Moore St

6th Ave

트라이베카 영화제
Tribeca Film Center 📷

버비스
Bubby's 🍴

Macao Trading Co

Borough of Manhattan
Community College 🏫

Franklin St

정식당
Jungsik 🍴

패트론 오브 더 뉴
Patron of the New

Franklin Street Station Ⓜ

마망
Maman 🍴

Sarabeth's Tribeca 🍴

Starbucks ☕

Worth St

Leonard St

Stuyvesant High School 🏫

Chambers St

P.S. 89 Liberty 🏫

Warren St

Marc Forgione 🍴

Duane St

The Odeon 🍴

Church St

atera 🍴

Thomas St

Subway 🍴

West St

Whole Foods Market 🛒

Broadway

Chambers Street Station Ⓜ

Reade St

Shake Shack 🍴

Murray Street

Blue Smoke 🍴

Target 🎯

Korin

Chambers St

Chambers St Ⓜ

Chipotle Mexican Grill 🍴

Modell's Sporting G

Murray Street

모자가 운영하는 패션 편집 매장

패트론 오브 더 뉴 Patron of the New [패트론 오브 더 뉴]

주소 151 Franklin St, Newyork 위치 지하철 1, 2호선 Franklin St역에서 도보 1분 시간 12:00~19:00(월~토), 12:00~18:00(일) 홈페이지 patronofthenew.com 전화 212-966-7144

유명 할리우드 스타와 셀럽들이 사랑한다고 알려진 힙한 부티크 편집 매장이다. 독특하게도 엄마와 아들이 함께 운영하고 있으며, 요즘의 여러 브랜드들이 그렇듯 인스타그램을 통한 마케팅을 잘 하고 있다. 오프 화이트, 디올, 크롬하츠, 팜엔젤스 등의 브랜드가 입점해 있으며, 대부분 다양한 브랜드와의 협업으로 만들어진 자체 브랜드의 제품들도 판매하고 있다. 매장 규모는 꽤 넓은 편이며, 의류뿐 아니라 주얼리, 향수 등 패션소품도 구경할 수 있다.

 블루 플라워 패턴의 식기가 상징적인 카페
마망 Maman [마망]

주소 211 W Broadway, Newyork 위치 지하철 1, 2호선 Franklin St역에서 도보 1분 시간 7:00~18:00 가격 $3.5(아몬드 크루아상) 홈페이지 mamannyc.com 전화 646-882-8682

내부 인테리어와 식기가 예뻐 인기 있는 브런치 카페로, 샐러드, 샌드위치, 베이커리류를 팔고 있다. 트라이베카 지점을 포함해 뉴욕 시 안에 여러 개의 지점이 있으며, 지점마다 매장 인테리어 콘셉트가 비슷하면서 조금씩 다르다. 플랫아이언 지점은 꽃으로 화사하게 꾸며져 있고, 트라이베카 지점은 아늑하게 꾸며져 있는 것이 특징이다. 샌드위치, 크루아상, 케이크를 비롯한 베이커리류가 다양하게 갖춰져 있고, 커피 맛도 괜찮은 편이다.

굽는 방식을 고를 수 있는 맞춤형 팬케이크
버비스 Bubby's [버비스]

주소 120 Hudson St, Newyork 위치 지하철 1, 2호선 Franklin St역에서 도보 2분 시간 8:00~23:00(일~목), 8:00~24:00(금~토) 가격 $21(팬케이크), $22(에그베네딕트), $6(버터밀크 비스킷(스콘) 2개), $10(4개) 홈페이지 bubbys.com 전화 212-219-0666

큰 사거리에 자리한 파이 숍 겸 레스토랑으로, 1990년 작은 매장으로 시작했지만 지금은 트라이베카의 대표적인 맛집으로 자리 잡았다. 블루베리 팬케이크와 브런치 메뉴가 대표적인 메뉴다. 팬케이크는 굽기 방식에 따라 퐁실퐁실 도톰한 제임스 브레드와 얇게 펼쳐진 1890사워 도우로 나누어져 있어 취향에 따라 선택할 수 있으며, 토핑 역시 블루베리 이외의 옵션도 있다. 이밖에 버터밀크 비스킷이라고 이름 붙여진 스콘도 굉장히 맛있어 티와 함께 즐기기 좋다.

미쉐린 2스타의 고급스러운 한식당
정식당 Jungsik [정식]

주소 2 Harrison St, Newyork 위치 지하철 1, 2호선 Franklin St역에서 도보 3분 시간 17:30~22:30(월~목), 17:00~22:30(금~토), 17:00~22:00(일) 가격 $165(시즈널 메뉴), $235(시그니처 테이스팅) 홈페이지 jungsik.com 전화 212-219-0900

모던하고 독창적인 한국 요리를 다루고 있는 한식당으로,《미쉐린 가이드》에서 별 두 개를 받은 곳이다. 셰프의 이름이기도 하지만, 격식을 갖춘 저녁 식사를 뜻하는 '정식'이라는 이름처럼 내부는 널찍하고 깔끔하게 되어 있다. 캐비어, 생새우, 성게 등 9개의 재료를 김 크래커에 싸서 먹는 구절판, 과일 대신 커피아이스크림이 들어 있는 베이비 바나나가 시그니처 메뉴며, 한식 재료를 충실히 활용하면서도 뉴욕 스타일에 어울리게 만들어 내는 요리들을 구경하는 재미도 쏠쏠하다.

 허드슨 강 위의 레스토랑
그랜드 뱅크스 grand banks [그랜드 뱅크스]

주소 Pier 25 Hudson River Park, Newyork   위치 지하철 1, 2호선 Franklin St역에서 도보 12분   시간 11:00~24:30(월~금), 10:00~24:30(토~일)   휴무 2019년 10월 29일~2020년 4월 15일   가격 $3~4(오이스터), $21(캐비어 해쉬 브라운), $29(랍스타 롤)   홈페이지 grandbanks.nyc   전화 212-660-6312

피어 25에 있는 선상 레스토랑 겸 바로, 1942년에 만들어져 어선으로 사용되던 배를 그대로 활용하고 있다. 4월부터 10월까지 하절기에만 운영한다. 석화 굴, 랍스터 롤 등 가벼운 해산물 요리와 칵테일, 와인, 맥주를 즐기기 좋으며, 맑은 날에 가면 허드슨강 위에서 특별한 시간을 보낼 수 있다. 해가 진 뒤 배 위에서 바라보는 맨해튼 야경도 정말 멋있다. 물 위에 배가 떠 있기 때문에 약간씩 흔들리니 참고하자.

무료로 즐기는 카약 체험
더 다운타운 보트하우스 The downtown boathouse [더 다운타운 보트하우스]

주소 Pier 26 at Hudson river park, Newyork **위치** 지하철 1, 2호선 Franklin Street 역에서 도보 12분 **시간** 주말, 휴일: 9:00~16:30(3월 19일~10월 18일)/ 화, 수, 목: 17:00~19:00(6월 19일~9월 13일) **요금** 무료 **홈페이지** downtownboathouse.org **전화** 212-627-2020

물가 비싼 뉴욕에서 무료로 할 수 있는 건 많지 않다. 그런데 매년 여름, 허드슨 리버 파크의 피어에 무료 카약 센터가 문을 연다. 수영을 할 줄 아는 사람에 한해 구명조끼, 카약, 사물함을 무료로 빌려주고, 20여 분 동안 강 위에서 맨해튼과 뉴저지를 바라보며 카약킹을 할 수 있다. 그중 사람들이 가장 많이 찾는 곳이 트라이베카의 피어 26이다. 보통 5월 말부터 10월 초까지 운영하며, 정확한 운영 시간은 각 보트하우스의 홈페이지를 통해 확인할 수 있다.

· 다른 허드슨 리버 파크의 무료 카약 센터 ·

맨해튼 커뮤니티 보트하우스 Pier 96 Manhattan community boathouse
무료 카약 포인트 중 가장 한적한 편이며, 여유로운 휴식을 즐길 수 있다.

주소 56th Street in Hudson River Park, New York **위치** 지하철 1, 2, A, B, C, D호선 59 St-Columbus Circle역에서 도보 20분 **시간** 월~수: 17:30~19:30(6월 3일~8월 28일)/ 토~일: 10:00~18:00(5월 25일~10월 13일) **휴무** 목, 금 **홈페이지** www.manhattancommunityboathouse.org

맨해튼 카약 컴퍼니 Pier 84 Manhattan kayak company
카약킹, 패들링 레슨도 상시 진행하며, 카약 체험 시 강아지 동반이 가능하다.

주소 555 12th Ave at West 44th St, Newyork **위치** 지하철 A, C, E호선 50 St역에서 도보 20분 **시간** 12:00~18:00(수~일) *5월~9월에만 운영 **휴무** 월요일 **홈페이지** www.manhattankayak.com

로어 맨해튼

Lower Manhattan

맨해튼의 가장 남쪽 지역으로, 한쪽 끝에 위
치해 있지만 뉴욕 여행 중 꼭 가 봐야 할 랜드
마크가 몰려 있어 한 번쯤은 꼭 들르게 되는
곳이다. 뉴욕에서 가장 높은 전망대인 원 월

Best Course

스태튼 아일랜드 페리 or
자유의 여신상 페리

⊕

자유의 여신상

도보 5분

스톤 스트리트 (식사)

도보 4분

⊕

월 스트리트

도보 10분

⊕

9/11 메모리얼

도보 2분

⊕

세계 무역 센터 전망대

Tip.

오전 일찍 페리를 타고 자유의 여신상
을 본 뒤에 월 스트리트를 지나, 9/11 기
념관에 들렀다가 해가 지기 전에 원 월
드 전망대에 올라가자.

드 전망대부터 세계 경제의 중심지인 금융 지
역 월 스트리트, 뉴욕 시청, 허드슨 강변의 조
용한 공원 배터리 공원과 또 다른 뉴욕의 대
표 랜드마크, 자유의 여신상이 로어 맨해튼에
속한다. 지하철, 페리, 버스 등 다양한 대중교
통이 잘 연결돼 있는 곳으로, 비교적 최근에
지어진 신식 빌딩 숲을 걷거나 전망대에서 내
려다볼 수 있다.

도어 맵보드

지유의 여신상
Statue of Liberty

Ellis Island Hospital Morgue

Governors Island Outlook Hill

Hammock Grove

가버너스 아일랜드
Governors Island

Ample Hills Creamery on the Waterfront

Fort Stirling Park

Liberty State Park Playground

Liberty House Restaurant and Events

Central Railroad of New Jersey Terminal

배터리 공원
Battery Park

세계 무역 센터
One World trade center

브룩필드 플레이스
Brookfield Place

돌진하는 황소상
Charging bull

루크스 랍스터
Luke's Lobster

가버너스 아일랜드 페리
Governors Island Ferry

Manhattan Helicopters

9/11 메모리얼
9/11 Memorial & Museum

월 스트리트
Wall Street

두려움없는 소녀상
Fearless girl

델모니코스
Delmonico's

센추리21
Century 21

오큘러스 환승 센터
The Oculus

Pace University

St. James Pl

Pearl St

FDR Dr

브룩클린 브릿지
Brooklyn Bridge

역 호텔 브룩클린 브릿지
1hotel brooklyn bridge

브룩클린 브릿지 공원
Brooklyn Bridge Park

줄리안스
Julian's

Manhattan bridge

Hugh L. Carey Tunnel

뉴욕에서 가장 높은 전망대

세계 무역 센터 ONE WORLD TRADE CENTER [원 월드 트레이드 센터]

주소 285 Fulton St, Newyork 위치 ①지하철 E 호선 World Trade center역에서 도보 4분 ②지하철 N, R, W 호선 Cortlandt Street역에서 도보 6분 시간 9:00~22:00 요금 $35(입장료), $10(가이드 아이패드 대여) 홈페이지 oneworldobservatory.com 전화 844-696-1776

110층짜리 쌍둥이 건물이 9.11 테러 사건으로 붕괴된 후 재건, 2014년에 개장된 새로운 세계 무역 센터이다. 총 6개 동의 건물로 계획됐으며, 그중 주요 건물인 1동이 원 월드 트레이드 센터(1WTC)로 불린다. 지금 뉴욕에서 가장 높은 건물로, 100층부터 102층까지는 원 월드 전망대로 활용되고 있다. 커다란 통유리 너머로 360도 파노라마 뷰를 볼 수 있으며, 101층에는 가벼운 식사가 가능한 레스토랑과 카페가 들어와 있다. 마천루가 들어선 대도심에서 벗어나 있어 도심 전망대와는 조금 다른 전망을 볼 수 있으며, 한쪽이 바다처럼 넓은 허드슨강이기 때문에 낮에 가는 것이 더 탁 트여 있어 좋다. 맨해튼 도심은 물론, 자유의 여신상과 브루클린 쪽 전경도 볼 수 있다.

Tip.
구 세계 무역 센터
과거 바닷길로 무역이 이루어지던 시절 번성했던 남부 항구 지역이 1930년대부터 자동차와 항공 교통의 발달로 급격히 쇠퇴하자, 지역 부흥 운동의 일환으로 배터리 공원 시티와 함께 세계 무역 센터가 들어섰다. 완공 당시 1동은 세계에서 가장 높은 건물이었고, 2동과 더불어 쌍둥이 빌딩으로 불리며 뉴욕의 랜드마크로 자리 잡았다. 그러나 1990년 이후 테러 단체들의 주요 공격 목표로 지목됐고, 결국 2001년 건물 전체가 붕괴됐다. 지금은 그 자리에 9.11 기념 공원과 재건된 세계 무역 센터 건물이 들어서 있다.

9.11 테러 사건을 추모하기 위한 곳

9/11 메모리얼 9/11 Memorial & Museum [나인원원 메모리얼 앤 뮤지엄]

주소 180 Greenwich St, Newyork **위치** ①지하철 1호선 WTC Cortlandt역에서 도보 2분 ②지하철 R, W 호선 Cortlandt St역에서 도보 5분 **시간** 기념관: 7:30~21:00/ 박물관: 9:00~20:00(일~목, 입장 마감 18:00), 9:00~21:00(금, 토, 입장 마감 19:00) **요금** $26(어른), $15(어린이), $20(가이드 투어) **홈페이지** 911memorial. org **전화** 212-312-8800

미국에서 일어났던 가장 큰 테러 사건인 9.11을 기억하고 극복하겠다는 의지로 세워진 기념관으로, 2011년 9월 11일에 개장했다. 무너진 구 세계 무역 센터 자리에는 희생자들의 이름이 새겨진 인공 폭포가 희생자들을 기리고 있으며, 박물관에는 테러 당시의 상황을 각종 잔해와 유품, 사진과 보도자료들이 전시하고 있다. 매년 9월 11일 저녁부터 새벽까지, 쌍둥이 빌딩을 연상시키는 빛 기둥을 하늘로 약 6.4km 쏘아 올리는 트리뷰트 인 라이트Tribute in Light를 진행하기도 한다.

 새 모양의 거대한 지하철 환승역
오큘러스 환승 센터 The oculus [디 오큘러스]

주소 Church St, Newyork 위치 ①지하철 1호선 WTC Cortlandt역에서 도보 2분 ②지하철 N, R, W호선 Cortlandt St역에서 도보 1분 시간 24시간 홈페이지 panynj.gov

2016년에 개장한 지하철 환승 센터로, 9.11 테러 사건의 현장인 그라운드 제로에 세워져 있다. 희생자들을 기리기 위해 하늘로 날아오르는 새의 모양으로 지어졌으며, 매년 9월11일 오전 10시 28분에 천장을 여는 추모식을 하기도 한다. 뉴욕 지하철 7개 노선과 뉴저지로 이어지는 파스 전철역도 연결돼 있어 가장 많은 노선이 지나는 환승역이다. 하얀 대리석의 광장과 지하철 개찰구, 음식점과 각종 브랜드의 매장들이 들어선 복합 쇼핑몰로도 활용되고 있다.

 최근에 지어진 복합 쇼핑몰
브룩필드 플레이스 Brookfield place [브룩필드 플레이스]

주소 230 Vesey St, Newyork 위치 ①오큘러스 환승 센터와 연결 ②지하철 1호선 WTC Cortlandt역
에서 도보 5분 ③지하철 N, R, W호선 Cortlandt St역에서 도보 8분 시간 상점: 100:00~20:00(월~토),
12:00~18:00(일)/허드슨 이츠: 8:00~21:00(월~토), 8:00~19:00(일)/ 식당: 매장마다 다름 홈페이지 bfplny.
com 전화번호 212-978-1673

세계 무역 센터와 9/11 기념비, 오큘러스 환승 센터에서 이어지는 초대형 복합 쇼핑몰로, 세계 금융 센터
이기도 하다. 고가 브랜드들도 꽤 많이 입점해 있고, 1층의 르 디스트릭트 푸드 마켓과 2층 허드슨 이츠에
는 음식점들도 많이 들어와 있다. 1층에는 높은 천장의 실내 정원 윈터 가든이 있는데, 전체가 유리창으로
되어 있고 야자나무와 벤치들이 있어서 야외 공원 같은 느낌을 준다. 행사 시즌에는 윈터 가든이 각종 장식
들로 화려하게 꾸며지는데, 특히 연말에는 650개의 LED 랜턴으로 루미나리에가 열리기도 한다.

할인 폭이 큰 도심형 상설 할인 매장
센츄리 21 Century 21 [센츄리 투애니원]

주소 21 Dey St, Newyork 위치 ①지하철 N, R, W호선 Cortlandt St역에서 도보 2분 ②지하철 4, 5호선 Fulton St역에서 도보 2분 시간 7:45~21:00(월~수), 7:45~21:30(목~금), 10:00~21:00(토), 11:00~20:00(일) 홈페이지 c21stores.com 전화번호 212-227-9092

도심형 아웃렛으로, 백화점 할인 코너처럼 브랜드별 또는 사이즈별로 제품을 판매한다. 캐주얼한 미국 브랜드부터 고가의 브랜드들까지 입점해 있고, 총 6층 건물로 규모가 넓은 편이어서 전부 둘러보려면 시간이 제법 걸린다. 많게는 85%까지 대폭 할인하는 편이지만, 제품 디스플레이가 깔끔하지는 않은 편이어서 보물찾기를 해야할 수도 있다.

세계 경제의 중심지
월 스트리트 Wall street [월 스트리트]

주소 26 Wall St, New York 위치 ①지하철 J, Z호선 Broad St역에서 바로 ②지하철 2, 3호선 Wall St에서 도보 1분 ③지하철 4, 5호선 Wall St역에서 도보 1분

세계 금융 거래 총액의 3분의 1을 차지하며, 세계 경제의 중심지로 불리는 곳이다. 달러 총액 기준 세계에서 가장 큰 증권 거래소인 뉴욕 증권 거래소를 비롯, 수많은 증권사와 은행이 밀집해 있다. 증권 거래소 옆쪽으로는 미국 초대 의회이자 대법원으로 사용됐던 역사적인 건물 페더럴 홀Federal Hall도 볼 수 있다. 미국 초대 대통령 취임식이 행해지기도 했고, 여전히 조지 워싱턴 동상과 갤러리를 볼 수 있다.

Tip.

돌진하는 황소상 Charging bull [차징 불]

뉴욕 최초의 공원인 볼링 그린 공원 북쪽 끝에 위치한 조각상으로, 1989년 12월 증권 거래소 앞에 무허가로 설치됐으나 지금의 위치로 옮겨져 20년 넘게 랜드마크 역할을 하고 있다. 1987년 하루 만에 주가가 22.6%나 폭락한 블랙 먼데이 이후 증시 활황을 기대하는 마음을 강인한 황소에 담아 만들어졌다. 황소의 생식기를 만지면 재물 운이 찾아온다는 속설이 있어 언제나 많은 여행객에 둘러싸여 있다.

주소 bet Broadway &, Whitehall St, Newyork 위치 지하철 4, 5호선 Bowling Green역에서 도보 1분

두려움 없는 소녀상 Fearless girl [피어리스 걸]

2017년 3월 8일 세계 여성의 날을 기념하기 위해 세워진 조각상으로, 소녀가 허리에 두 손을 얹고 하늘을 올려다보고 있다. 동상 밑에는 여성 리더의 힘을 강조하는 문구가 새겨져 있다. 처음에는 황소 동상 앞에 1주일동안 세워질 예정이었으나, 지금은 증권 거래소 앞으로 옮겨져 여성의 유리천장에 대한 도전이자 희망을 상징하고 있다.

주소 11 Wall St, New York 위치 지하철 J, Z호선 Broad St역에서 도보 1분

신선한 랍스터 롤 샌드위치
루크 랍스터 Luke's lobster [루크즈 랍스터]

주소 26 S William St, Newyork **위치** 지하철 2,3호선 Wall St역에서 도보 3분 **시간** 11:00~21:00(월~금),
12:00~20:00(토~일), 16:00~19:00(해피 아워) **가격** $17(랍스터 롤), $22.5~30.5(루크즈 트리오) **홈페이지** luk
eslobster.com **전화** 212-747-1700

뉴욕 전역에 지점이 있는 랍스터 롤 레스토랑으로, 어부와 직
접 연계해 신선한 해산물을 사용하며 지역 사회에도 환원하
는 것으로 유명하다. 시그니처 메뉴는 랍스터 롤로, 게와 새
우 롤도 있다. 세 가지 모두를 맛볼 수 있는 트리오 메뉴도 있
으며, 모든 메뉴는 $3~6을 추가하면 해산물이 50% 더 들어
있는 점보 롤로 업그레이드가 가능하다. 주문 시에는 단품보
다는 사이드디시 수프 콤보로 주문해, 따끈한 크램차우더 수
프와 함께 먹는 것을 추천한다.

에그 베네딕트를 창시한 고급 레스토랑
델모니코스 Delmonico's [델모니코스]

주소 56 Beaver St, Newyork **위치** 지하철 2, 3호선 Wall St역
에서 도보 3분 **시간** 11:30~21:30(월~금), 17:00~21:30(토) *
드레스 코드 있음(반바지, 민소매, 슬리퍼, 샌들 X) **휴무** 일요일 **가
격** $45(평일 런치 3코스), $68(60일 숙성 뉴욕스트립), $17(에그베
네딕트) **홈페이지** delmonicos.com **전화** 212-509-1144

1837년 문을 연 유서 깊은 레스토랑으로, 현지인이 기념일
이나 비즈니스 접대를 위해 찾는 고급 레스토랑이다. 단골 고
객이었던 베네딕트 부인을 위해 만들었던 달걀 요리가 지금
브런치의 대명사라고 불리는 에그 베네딕트가 되기도 했다.
에그 베네딕트와 드라이에이징 스테이크가 시그니처 메뉴
며, 클래식한 분위기이기 때문에 방문 시 따로 드레스 코드가
정해져 있는 것은 아니지만 깔끔한 복장으로 가는 것이 좋다.

Tip.
스톤 스트리트 Stone Street

월 스트리트 직장인들의 맛집 거리로, 퇴근 후 맥주 한잔을 할 수 있는
레스토랑들이 밀집돼 있다. 대부분 야외 테이블을 함께 운영하고 있어
분위기 있는 식사를 즐길 수 있다.

주소 45~57 Stone St, Newyork **위치** 지하철 2, 3호선 Wall St역
에서 도보 4분

 자유의 여신상이 바라다보이는 한적한 공원
배터리 공원 Battery Park [배터리 파크]

주소 State Street and Battery Place Newyork 위치 지하철 4, 5호선 Bowling Green역에서 도보 2분 시간 6:00~24:00 홈페이지 Thebattery.org 전화 212-344-3491

로어 맨해튼 최남단을 차지하고 있는 공원으로, 자유의 여신상으로 향하는 스태츄 오브 리버티 페리, 스태튼 아일랜드나 거버너스 아일랜드로 향하는 페리를 탈 수 있는 선착장과 붙어 있어 뉴욕 여행 중 한 번쯤은 꼭 찾는 곳이다. 페리를 타지 않고도 자유의 여신상을 멀리서 볼 수 있으며, 꼭 무언가를 하지 않더라도 전망이 좋아 한가로운 시간을 보낼 수 있다. 공원 안에는 시민들과 학생들이 운영하는 주말 농장을 포함해 북미에서 가장 큰 규모의 다년생 정원도 있고, 은색 원형 건물인 시글래스 캐러샐Seaglass Carousel 안에는 어린아이들이 좋아할 만한 해양생물 회전목마도 운영하고 있다.

미국 하면 떠오르는 상징물
자유의 여신상 Statue of Liberty [스태츄 오브 리버티]

주소 Liberty Island, Newyork 위치 자유의 여신상 페리로 입장 가능 시간 9:00~16:00 홈페이지 nps.gov/stli 전화 212-363-3200

허드슨강 리버티섬에 세워진 조각상으로, 1886년 미국 독립 100주년을 축하하며 프랑스가 선물했다. 오른손에는 세계를 비추는 자유의 빛을 상징하는 횃불을, 왼손에는 1776년 7월 4일(미국 독립선언서 채택일)이 새겨진 독립 선언서를 들고 있다. 머리에 쓴 왕관은 세계 7개 대륙을 상징하는 뿔로 장식돼 있으며, 왕관 내부에는 전망대와 박물관이 들어와 있다. 지금은 자유와 민주주의의 상징물로, 1984년 유네스코 세계 유산으로 지정됐을 뿐 아니라 뉴욕에서도 꼭 찾아봐야 할 랜드마크가 됐다.

자유의 여신상 & 엘리스 아일랜드 페리

페리를 타고 자유의 여신상이 있는 리버티섬에 갔다가, 최초의 연방 이민국이 있었던 엘리스섬에 들렀다 오는 투어다. 표는 현장 구매할 수도 있지만 줄이 굉장히 길기 때문에 온라인으로 예약해 가는 것이 좋다. 리버티섬에서는 정해진 시간 없이 자유롭게 구경할 수 있으며, 기념품 숍과 간단한 취식이 가능한 레스토랑도 있다. 자유의 여신상 단상 위나 왕관 위로 올라가려면 사전에 온라인 예약을 해야 하는데, 왕관까지 올라가려면 세 달 전, 단상에 올라가려면 한 달 전에는 예약하는 것이 좋다. 하지만 올라가지 않더라도 자유의 여신상을 보고, 사진 찍기에는 충분하다. 단상이나 왕관에 올라가지 않을 거라면 뉴욕 여행자 패스로 가격 할인을 받아 방문하는 것이 이득이다.

주소 Castle Clinton National Monument, Battery Park~Liberty Island, Newyork **위치** 배터리 공원 내부 **시간** 8:30~15:30 **요금** 입장료: $18.5(어른), $9(어린이) / 크라운 입장료: +$3 **홈페이지** Statuecruises.com **전화** 877-523-9849

엘리스섬 페리_리버티섬에서 본 자유의 여신상

자유의 여신상 크루즈 투어

섬에는 내리지 않고 크루즈 위에서 근처를 구경하고 돌아오는 투어로, 사실상 자유의 여신상 전체를 가장 정면에서 볼 수 있다. 미드타운에서도 출발하는 크루즈가 있으며, 로어 맨해튼인 피어 16에서 출발하는 경우 브루클린 브릿지도 함께 지난다. 랜드마크 크루즈는 1시간 30분 동안, 야경 크루즈는 2시간 동안 미드타운의 피어 83에서부터 최남단 자유의 여신상을 지나 이스트강까지 둘러보는 코스로 이루어져 있다. 빅 애플 패스와 같은 뉴욕 여행자 패스로 가격 할인을 받아 예약하는 것이 이득이며, 좋은 자리에 앉기 위해서는 항구에 30분 전에는 도착하는 것이 좋다.

주소 Pier 16, 89 South St, Newyork **위치** 지하철 2, 3호선 Wall St역에서 도보 8분 **시간** 10:00~14:30, 19:00 **요금** $31 (자유의 여신상 크루즈), $37 (랜드마크 크루즈), $41 (야경 크루즈) **홈페이지** circleline. com **전화** 212-563-3200

스태튼 아일랜드 페리

따로 예약하거나 돈을 내지 않아도 되는 페리로, 20~30분에 한번씩 스태튼 아일랜드와 맨해튼을 오간다. 영화에도 등장한 적 있는 주황색 거대한 페리 위에서도 자유의 여신상을 볼 수 있는데, 아주 가까이 접근하는 것은 아니지만 스태튼 아일랜드로 향하는 항로에서 자유의 여신상을 정면으로 마주하게 된다. 갈 때는 배의 오른쪽에, 올 때는 배의 왼쪽에 탑승하자.

주소 4 South St, Newyork **위치** ①지하철 1호선 South Ferry역에서 하차 ②지하철 R, W호선 Whitehall St역에서 도보 1분 **시간** 24시간 **요금** 무료 **홈페이지** siferry.com **전화** 212-639-9675

 한시적으로 문을 여는 관광 섬
거버너스 아일랜드 Governors island

주소 10 South St, Newyork 위치 ①지하철 1호선 South Ferry역에서 도보 1분 ②지하철 R, W호선 White hall St역에서 도보 2분 시간 10:00~18:00/10:00~19:00(토, 일) 요금 $3(어른), 무료(토, 일 오전) 홈페이지 govisland.com 전화 212-825-3054

5월부터 10월까지 여름에만 문을 여는 관광 섬으로, 각종 문화 행사와 축제가 시시때때로 열리는 곳이다. 거버너스 아일랜드 페리 터미널에서 페리를 타고 들어갈 수 있으며, 페리로 10분도 채 안 걸리는 굉장히 가까운 곳에 있다. 페리는 30분에서 1시간 간격으로 있으며, 로어 맨해튼과 브루클린 항구와 연결된다. 걸어서 돌아 보아도 40분 정도면 한 바퀴를 돌아볼 수 있으며, 자전거를 타거나 피크닉을 즐기기에 최적의 장소다. 넓은 잔디밭, 각종 전시가 이루어지는 건물들을 자유롭게 둘러볼 수도 있는 곳이다.

맨해튼
추천 숙소

뉴욕에서의 하룻밤은 전 세계인 모두가 한 번쯤 꿈꾸는 만큼, 호텔 가격은 그 어떤 여행지보다 비싼 편이다. 그럼에도 불구하고 인기 있는 숙소는 두세 달 전에 예약이 꽉 차기도 한다. 맨해튼 안에서도 조금씩 분위기가 다른, 지역별 추천 호텔들을 꼽아 보았다.

센트럴 파크와 5번가 사이의 4성급 호텔
더 쉐리 네덜란드 The Sherry-Netherland [더 쉐리 네덜란드]

주소 781 5th Ave, Newyork 위치 지하철 N, R, W 호선 도보 1분 가격 일반 객실 비수기 40만 원대 홈페이지 sherrynetherland.com 전화 212-355-2800

센트럴 파크 옆의 아름다운 호텔로, 전망도 좋다. 뮤지엄 마일, 매디슨 에비뉴, 쇼핑 거리 5번가와도 가깝고 지하철역도 바로 앞에 있어 이동이 편리하다.

타임스 스퀘어 바로 옆, 가성비 호텔
더 맨해튼 앳 타임스스퀘어 The Manhattan at Times square [더 맨해튼 앳 타임스스퀘어]

주소 790 7th Ave, Newyork 위치 ①지하철 1, 2호선50 St Broadway역에서 도보 1분 ②타임스 스퀘어 바로 옆 가격 일반 객실 비수기 12~15만 원대 홈페이지 manhattanhoteltimessquare.com 전화 212-581-3300

타임스 스퀘어에서 두 블록쯤 떨어진 대로변에 위치해 있어 교통이 좋은 호텔이다. 시설이 다소 낡기는 했지만 맨해튼 도심 한복판에서 만나 볼 수 있는 가장 저렴한 가격대의 호텔이다.

세인트 패트릭스 대성당 바로 옆, 5성급 호텔

롯데 뉴욕 팰리스 Lotte Newyork Palace [롯데 뉴욕 팰리스]

주소 455 Madison Ave, Newyork 위치 지하철 E, M호선 5 Avenue/53 St역에서 도보 2분 가격 일반 객실 비수기 40만 원대 홈페이지 lottenypalace.com 전화 212-888-7000

넓찍한 방과 깔끔한 인테리어의 럭셔리 호텔이다. 팰리스 동과 타워 동으로 나누어지며, 타워 동의 럭셔리 스위트룸은 최근 새로 단장했다. 세인트 패트릭스 대성당 바로 옆에 있어 성당 전망 객실이 인기가 좋다.

도심 속 루프 톱 바를 가진 4성급 호텔

알로 노마드 Arlo Nomad [알로 노매드]

주소 11 E 31st St, Newyork 위치 지하철 6호선 33rd St역에서 도보 3분 가격 일반 객실 비수기 20~30만 원대 홈페이지 arlohotels.com 전화 212-806-7000

도심 전망의 통유리 룸, 뷰가 좋은 루프 톱 라운지 덕분에 인기 좋은 호텔이다. 가격도 합리적이며, 시설도 깔끔하게 관리되고 있다. 코리아타운 인근에 위치해있으며, 바로 옆에 인기 좋은 퓨전 한식당이 있으니 참고하자.

코리아타운 인근의 가성비 호텔

호텔3232 Hotel3232 [호텔 써리투써리투]

주소 32 E 32nd St, Newyork 위치 지하철 6호선 33rd St역에서 도보 1분 가격 일반 객실 비수기 20만 원대 홈페이지 hotel3232nyc.com 전화 646-692-3760

아직 덜 알려져 있어 가격이 다른 호텔에 비해 조금 저렴한 편이다. 하지만 맨해튼 한가운데 위치해 있고, 지하철역이나 코리아타운과도 가까워 꽤 편리하다.

도심 한가운데, 리뷰가 좋은 4성급 호텔
호텔 지라프 Hotel giraffe [호텔 지라프]

주소 365 Park Ave S, Newyork **위치** 지하철 6호선 28 St역에서 도보 1분 **가격** 일반 객실 비수기 30만 원대 **홈페이지** hotelgiraffe.com **전화** 212-685-7700

매디슨 스퀘어 공원에서 한 블럭 옆, 플랫아이언 빌딩을 비롯 뉴욕에서 손꼽히는 고층 빌딩들이 모여 있는 도심에 위치해 있어 어디든 다니기 좋다. 바로 옆에 레스토랑 사라베스도 있다.

로비 앞 파티오가 매력적인 4성급 호텔
더 하이라인 호텔 The highline hotel [더 하이라인 호텔]

주소 180 10th Ave, Newyork **위치** 지하철 C, E 호선 23 St역에서 도보 10분 **가격** 일반 객실 비수기 40만 원대 **홈페이지** thehighlinehotel.com **전화** 212-929-3888

하이라인 바로 옆의 부티크 호텔이다. 뉴욕에서 유명한 인텔리젠시아 커피도 입점해 있어, 숙박을 하지 않더라도 많은 여행객이 찾는다. 식물들로 꾸며진 파티오가 매력적인 곳이다.

로비 인테리어와 동그란 창문이 독특한 호텔
드림 다운타운 Dream downtown [드림 다운타운]

주소 355 W 16th St, Newyork **위치** 지하철 A, C, E, L호선 14 St역에서 도보 2분 **가격** 일반 객실 비수기 30만 원대 **홈페이지** dreamhotels.com **전화** 212-229-2559

첼시 마켓, 하이라인과 가까운 호텔로, 동그란 창문 덕분에 눈에 띄는 편이다. 로비 천장 유리를 통해 바로 위의 1층 수영장이 보이는 독특한 구조여서 많은 사람들이 찾는다.

하이라인 바로 옆에 있는 전망 좋은 호텔
더 스탠다드 하이라인 The standard Highline [더 스탠다드 하이라인]

주소 848 Washington St, Newyork 위치 지하철
A, C, E, L호선 14 St역에서 도보 6분 가격 일반 객실
비수기 30만 원대 홈페이지 standardhotels.com
전화 212-645-4646

꼭대기 층에 루프 톱 클럽인 르 베인이 있어 더욱
핫한 호텔이다. 휘트니 미술관과 하이라인 바로
옆에 있으며, 허드슨강 전망을 볼 수 있어서 인기
가 좋다.

룸은 조금 좁지만 곳곳에 신경을 쓴 부티크 호텔
말톤 호텔 The Marlton [더 말톤]

주소 5 W 8th St, Newyork 위치 지하철 A, C, E, B,
D, F, M호선 West 4St-Washington Sq역에서 도
보 5분 가격 일반 객실 비수기 20~30만 원대 홈페이
지 marltonhotel.com 전화 212-321-0100

워싱턴 스퀘어 공원 바로 옆의 부티크 호텔로, 방
이 조금 좁은 편이지만 예쁘게 꾸며져 있다. 그리
니치 빌리지의 재즈 클럽들과 가까워 분위기 있는
밤을 보내기 좋으며, 스텀프 타운 커피도 가깝다.

소호와 트라이베카 사이의 예쁜 호텔
알로 소호 Arlo Soho [알로 소호]

주소 231 Hudson St, New York 위치 지하철 1,2
호선 Canal St 역에서 도보 2분 가격 일반객실 비수
기 30만원대 홈페이지 arlohotels.com 전화 212-
342-7000

아늑한 분위기의 룸, 전망이 좋은 루프 톱 라운지
가 매력적인 호텔이다. 소호까지 도보로 이동할
수 있고, 허드슨 강변도 가까워 여유로운 여행을
즐기기 좋다. 직원들의 서비스도 좋아 다시 묵고
싶어지는 곳이다.

브루클린 하이츠 & 덤보

Brooklyn Heights & DUMBO

Best Course

브루클린 브릿지

도보 15분

⬇

줄리아나스(식사)

도보 10분

⬇

덤보

도보 15분

⬇

브루클린 브릿지 공원

- -

Tip.
브루클린 브릿지와 덤보에서 인생 사진을 남기고, 다리 바로 밑이나 근처의 레스토랑에서 밥을 먹고 이스트 강가에서 커피 한잔의 여유를 즐겨 보자.

브루클린에서 가장 알려진 명소로, 맨해튼과는 이스트강을 사이에 두고 브루클린 브릿지로 연결돼 있다. 강 너머로 바라보는 맨해튼의 스카이라인이 아름다워 많은 사람들이 찾는다. 특히 덤보 지역에는 과거 창고로 쓰이던 큼직한 건물들과 조약돌 거리가 그대로 남아있어, 분위기 있는 여행지로 인기가 좋다. 또 브루클린 브릿지나 맨해튼 브릿지를 배경으로 멋진 사진도 찍을 수 있어 뉴욕을 찾는 여행객들이 꼭 방문하는 지역이다.

FDR Dr

FDR Dr

Manhattan Bridge

브루클린 브릿지
Brooklyn Bridge

John Street Park

The River Café

west elm

Plymouth St

Shake Shack

Water St

덤보
Dumbo

줄리아나스
Juliana's

Starbucks

Front St

Superfine

원 호텔 브루클린 브리지
1hotel brooklyn bridge

Brooklyn Queens Expy

웨스트빌 덤보
Westville Dumbo

Bluestone Lane
DUMBO Coffee Shop

멀버리앤바인
Mulberry & Vine

Willow St

Middagh St

Henry St

Cranberry St

브루클린 브라자 공원
Brooklyn Bridge Park

Orange St

해피 핀 포케
Happy Fin Poke

Cadman Plaza W

Cadman Plaza E

Brooklyn Bridge

Jay St

Fort Stirling Park

Pineapple St

Brooklyn Queens Expy

Columbia Heights

Willow St

Hicks St

Clark St

Henry St

Brooklyn Heights Promenade

Pierrepont St

Tillary St

New York City College of Technology

 뉴욕에서 가장 유명한 다리
브루클린 브릿지 Brooklyn Bridge [브루클린 브릿지]

주소 Brooklyn Bridge, Newyork 위치 ①지하철 F호선 York St역에서 도보 5분 ②지하철 A, C호선 High Street-Brooklyn Bridge역에서 도보 5분 홈페이지 nyc.gov

맨해튼과 브루클린을 잇는 다리로, 1883년에 지어진 이래 언제나 사람들의 사랑을 받고 있는 곳이다. 두 개의 층으로 이루어져 있으며 위층은 보도와 자전거 도로, 아래층은 자동차 도로로 쓰인다. 브루클린에서 맨해튼 쪽으로 해가 지기 때문에, 다리 너머 고층 빌딩과 석양이 특히 아름답다. 보도 아래쪽으로 달리는 자동차들의 전조등과 가로등이 만들어 내는 야경도 물론 예쁘다. 늘 인산인해를 이루기 때문에 사진 촬영을 위해 아침 6~7시에 방문하는 사람도 있다.

줄리아나스 Juliana's [줄리아나스]

주소 19 Old Fulton St, Brooklyn **위치** 지하철 A, C호선 High Street-Brooklyn Bridge역에서 도보 6분 **시간** 11:30~22:00 **가격** $21~24(마르게리타), $20~23(화이트피자) **홈페이지** julianaspizza.com **전화** 718-596-6700

바로 옆의 그리말디 피자와 더불어 인기 있는 피자집으로, 브루클린 브릿지 바로 아래쪽에 있어서 찾아가기 쉽다. 원래 그리말디 피자를 설립했던 장본인이며, 20년 전 매장을 팔았다가 2012년 다시 그 옆에 줄리아나스라는 이름으로 매장을 냈다는 재미난 스토리를 가지고 있다. 50년 이상 소스와 빵을 연구해 만들어낸 화덕 피자로, 토핑을 선택해 얹을 수 있는 클래식 피자와 추천된 레시피로 만든 스페셜 피자로 나뉜다. 하프 & 하프로도 주문 가능해 토마토소스 베이스와 화이트 베이스 둘 다 즐겨 보는 것도 좋다.

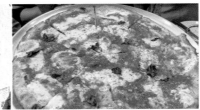

브루클린 로스팅 컴퍼니 Brooklyn roasting company [브루클린 로스팅 컴퍼니]

주소 본점 25 Jay St, Brooklyn, **분점** 45 Washington St, Brooklyn **위치** 지하철 F호선 York Street 역에서 도보 5분 **시간 본점:** 6:30~19:00(월~금), 7:00~19:00(토~일)/**분점:** 7:00~19:00 **가격** $3.75(아메리카노), $4.75(라테) **홈페이지** brooklynroasting.com **전화** 718-855-1000

덤보 사진 포인트 바로 인근에 위치한 카페로, 뉴욕 전역에서 찾아볼 수 있다. 처음 로스팅 창고는 브루클린 해군이 사용하던 건물에서 시작했으나, 지금은 현지인들이 많이 찾는 큼직한 카페가 되었다. 고소한 맛의 라떼는 물론 베이커리류도 맛이 좋다. 카페 내부는 브루클린의 브라운스톤과 어우러지도록 우드를 사용해 따뜻하고 빈티지한 특유의 느낌을 살려 꾸며 놓았으며, 원두나 컵, 가방 같은 굿즈도 판매하고 있다.

250

 뉴욕에서 꼭 찍어야 할 사진
덤보 manhattan bridge point of view [맨해튼 브릿지 포인트 오브 뷰]

주소 40-58 Washington St, Brooklyn 위치 지하철 F호선 York St역에서 도보 5분

각종 영화의 배경이 되는 사진 포인트로, 클래식한 브라운스톤 건물들 사이로 보이는 철제 다리를 배경으로 사진을 찍을 수 있다. 수트나 드레스를 입고 웨딩 촬영하는 사람도 흔히 볼 수 있다. 뒤로 보이는 다리는 사실 브루클린 브릿지가 아니라 맨해튼 브릿지로, 지하철 B, D, N호선 등이 지난다. 다리를 사이에 두고 서쪽, 동쪽 어느 골목에서든 비슷한 느낌의 사진을 찍을 수 있으며, 인근 카페나 레스토랑, 갤러리를 구경해 보는 것도 좋다.

캐주얼한 아메리칸 레스토랑
웨스트빌 덤보 Westville dumbo [웨스트빌 덤보]

주소 81 Washington St, Brooklyn 위치 지하철 F호선 York St역에서 도보 4분 시간 9:00~22:00(월~금), 10:00~22:00) 가격 $13(웨스트빌 콥 샐러드), $13~15(버거), $16~18(샌드위치) 홈페이지 westvillenyc.com 전화 718-618-5699

활기 넘치는 분위기의 레스토랑으로, 버거, 샌드위치 등 미국 스타일의 음식을 맛볼 수 있다. 뉴욕 전역에서 찾아볼 수 있는데, 덤보 지점은 2003년에 생긴 본점으로 덤보의 사진 포인트에서 멀지 않아 함께 방문하기 좋다. 신선한 재료를 활용해 만드는 샐러드류나 런치 플레이트가 인기 있으며, 특히 여러 재료들을 활용해 만든 콥 샐러드가 시그니처 메뉴다. 버거도 패티나 치즈가 맛있어 만족감이 높은 편이다. 외부에서 볼 때보다 내부에 자리가 더 많아 편하게 식사할 수 있다.

샐러드 레스토랑
멀버리 앤 바인 Mulberry & Vine [멀버리 앤 바인]

주소 55 Prospect Street B/t Adams & Pearl Brooklyn 위치 지하철 F호선 York St역에서 도보 3분 시간 11:00~21:00(월~목), 11:00~20:00(금) 휴무 토, 일요일 가격 $9.5~13.5(플레이트), $10.5~14.5(볼) 홈페이지 mulberryandvine.com 전화 917-810-2827

유기농 샐러드를 플레이트나 볼 형태로 판매하는 곳으로, 뉴욕 전역에서 찾아볼 수 있다. 샐러드라고 하면 심심한 채소 샐러드를 떠올릴 수도 있지만 뉴욕의 샐러드는 조금 더 선택의 폭이 다양하다. 매콤한 타이 누들, 구운 연어, 양념을 발라 구운 치킨윙 같은 것들을 골라 곁들일 수도 있다. 이곳의 샐러드는 100% 유기농을 지향하며, 레모네이드나 티에도 설탕을 넣는 대신 유기농 사탕수수로 맛을 낸다. 또 점원이 하이파이브를 건네기도 하는데, 행복을 서로 나누기 위한 행동이라고 하니 당황하지 말고 함께 하이파이브를 해 주자.

브루클린 브릿지 전망 포인트
브루클린 브릿지 공원 Brooklyn Bridge Park [브루클린 브릿지 파크]

주소 334 Furman St, Brooklyn 위치 지하철 A, C호선 High Street~ Brooklyn Bridge역에서 도보 12분
시간 6:00~20:00(Pier 2), 6:00~23:00(Pier 5), 6:00~23:00(Pier 발리볼 코트), 6:00~23:00(스키브 공원 & 다리), 8:00~23:00(99 플리머스) 홈페이지 brooklynbridgepark.org 전화 718-222-9939

맨해튼 브릿지 근처부터 피어Pier 1~6
까지 이스트강을 따라 2km 정도, 길게
이어지는 강변 공원이다. 각각의 포인
트마다 브루클린 브릿지와 강 건너 맨
해튼 전망을 즐길 수 있으며, 특히 회
전목마가 있는 제인스 캐러셀Jane's
Carousel과 피어 1 쪽은 다리와 가깝게
붙어 있어 가장 인기가 많다. 해안가의
만처럼 살짝 안으로 들어와 있는 페블
비치, 피어 1 근처의 페리 선착장, 스케
이트장이 있는 피어 2 등도 전망을 즐길
수 있는 곳이다.

파크슬로프&프로스펙트

Park Slope & Prospect

Best Course

브루클린 뮤지엄

도보 5분

브루클린 식물원 (식사)

도보 5분

프로스펙트 공원

도보 20분 또는 자전거 10분

파크 슬로프(식사)

Tip.
여유롭게 미술관과 식물원을 둘러보고, 프로스펙트 공원에서 자전거를 빌려 파크 슬로프로 이동해 맥주 한잔으로 하루를 마무리하자.

가장 최근에 사람들이 많이 모여들기 시작하는 곳으로, 주로 젊은 층의 거주 지역이다. 현지인들이 많이 찾는 캐주얼 레스토랑이나 바가 많이 있으며, 특별히 둘러봐야 할 관광 명소를 방문하기보다는 미술관과 식물원, 넓은 공원에서 뉴요커스러운 피크닉을 즐길 수 있는 곳이다.

파크 비치
Pig Beach

Dinosaur Bar-B-Que

Union St

Canal St

3rd St

3rd Ave

Prospect Expy

M Prospect Av Station

Prospect Ave

96 St

16th St

15th St

14th St

13th St

12th St

11th St

10th St

7 Avenue St

7th Ave

8th Ave

6th Ave

5th Ave

4th Ave

3rd Ave

4 AV M

M 9 Street Station

Four & Twenty Blackbirds

스톤 파크 카페
Stone Park Cafe

팔로 산토
Palo Santo

M Union St

Bogota Latin Bistro

4th Ave

Sterling Pl

Prospect Pl

St Johns Pl

7 Avenue Station M

8th St

7th St

6th St

5th St

4th St

3rd St

2nd St

1st St

Garfield Pl

Carroll St

President St

Union St

6th Ave

7th Ave

Lincoln Pl

Berkeley Pl

Park Pl

St Johns Pl

Barnes & Noble

Dizzy's

American History Workshop Inc

Prospect Park West

Starbucks

Unleashed by Petco

Plaza St W

Plaza St E

Flatbush Ave

Prospect Pl

Carlton Ave

M Bergen Street Station

Bergen St

St Marks Ave

Carlton Ave

Vanderbilt Ave

M 7 Avenue Station

M Grand Army Plaza Station

프로스펙트 공원
Prospect park

Prospect Park Carousel

Flatbush Ave

Eastern Pkwy

Lincoln Pl

Washington Ave

Ample Hills Creamery
Prospect Heights

Olmsted

Cheryl's Global Soul

Tom's

Underhill Ave

Prospect Pl

Park Pl

Sterling Pl

St Johns Pl

Vanderbilt Ave

Grand Ave

Bergen St

Dean St

Pacific St

Atlantic Ave

Classon Ave

Franklin Av M

St Marks Ave

Covenhoven

Chavela's

Park Pl

BERG'N

Friends and Lovers

CATFISH

Wendy's

브루클린 뮤지엄
Brooklyn Museum

브루클린 식물원
Brooklyn Botanic Garden

Botanic Garden M

M Franklin Avenue

Sullivan Pl

Empire Blvd

Rite Aid

Lincoln Rd

Union St

Bedford Ave

Rogers Ave

Franklin Av

뉴욕에서 두 번째로 큰 뮤지엄
브루클린 미술관 Brooklyn Museum [브루클린 뮤지엄]

주소 200 Eastern Pkwy, Brooklyn 위치 지하철 2, 3호선 Eastern Parkway Brooklyn Museum역에서 하차 시간 11:00~22:00(수, 금~일), 11:00~22:00(목) 휴무 월, 화요일 요금 상설전: $16(어른), 무료(19세 미만)/ 특별전: $20(어른), $8(어린이)/ 무료입장: 매월 첫 째주 토요일 17:00~23:00/ $25(브루클린 식물원 콤비) 홈페이지 brooklynmuseum.org 전화 718-638-5000

1823년에 세워져 꽤 긴 역사를 가진 미술관으로, 1층부터 5층까지 작지 않은 규모에 상설전과 기획전 모두 손색없이 많은 사람이 찾는 곳이다. 1600년대 미국 예술 작품부터 현대 미술까지 포괄적으로 전시해 놓았으며, 방대한 양의 아카이브 실에는 세계 각지에서 온 다양한 시대의 유물들이 전시돼 있다. 또 한쪽에는 18세기의 실내 인테리어를 복원해 둔 주택 박물관도 있어 구경하는 재미가 있다. 프리다 칼로, 데이비드 보위 등 유명한 아티스트의 특별전도 종종 열리기 때문에 전시 일정을 눈여겨볼 만하다.

특히 봄에 아름다운 미술관 옆 식물원
브루클린 식물원 Brooklyn Botanic garden [브루클린 보태닉 가든]

주소 990 Washington Ave, Brooklyn 위치 ①지하철 2, 3호선 Eastern Parkway Brooklyn Museum역에서 도보 4분 ②지하철 S호선 Botanic Garden역에서 도보 5분 시간 각 계절마다 시간이 다름(홈페이지 확인) 요금 $15(어른), $8(학생), 무료입장(3~11월 금요일 오전, 12~2월 평일) 홈페이지 bbg.org 전화 718-623-7200

미술관 옆 식물원으로, 브루클린 뮤지엄에서 콤비네이션 티켓을 살 수 있어 두 군데를 함께 둘러보는 사람이 많다. 입구 근처에 넓은 벚꽃 길이 있어 봄에 특히 많은 사람들이 찾으며, 다양한 수종과 테마를 가지고 꾸며진 정원을 볼 수 있다. 아이들이 좋아할 만한 체험 거리도 있고, 정원사들이 수시로 관리하고 있다. 꽃 장식, 다도, 주말 농장 등 다양한 워크숍이 정기적으로 진행되고 있으니 홈페이지에서 예약하고 방문해 보는 것도 좋다.

브루클린의 센트럴 파크
프로스펙트 공원 Prospect Park [프로스펙트 파크]

주소 95 Prospect Park West, Brooklyn 위치 지하철 B, S, Q호선 Prospect Park역에서 도보 1분 시간 5:00~다음 날 1:00 홈페이지 prospectpark.org 전화 718-965-8951

브루클린 식물원 뒤편에 있는 거대한 공원으로, 맨해튼의 센트럴 파크처럼 브루클린의 주요한 도심 공원 역할을 하고 있다. 1987년에 조성돼 지금은 숲이 형성된 곳도 있고, 여러 생태 종도 모여 살고 있다. 센트럴 파크와 마찬가지로 넓은 잔디밭에서 스포츠도 즐길 수 있으며, 낚시를 하거나 비비큐를 할 수 있는 구역도 있다. 4월부터 10월까지는 매주 일요일 100여 개의 매장이 들어서는 푸드 마켓, 스모가스버그도 열린다.

빨간 머리 소녀 로고의 패스트푸드 프랜차이즈
웬디스 Wendy's [웬디스]

주소 469 Flatbush Ave, Brooklyn 위치 지하철 B, S, Q호선 Prospect Park역에서 도보 5분 시간 10:00~다음 날 1:00(일~목), 10:00~다음 날 2:00(금, 토) 가격 $5.19(데이브스 싱글버거), $6.19(더블버거), $7.19(트리플버거) 홈페이지 wendys.com 전화 718-287-5005

맥도날드, 버거킹과 더불어 미국의 대표적인 패스트푸드 프랜차이즈로 손꼽히는 곳이다. 처음으로 드라이브 스루를 매장에 접목시키기도 했고, 우리나라에도 1990년대에 진출했으나 10년 만에 한국에서는 찾아볼 수 없게 됐다. 패티를 싱글, 더블, 트리플로 넣을 수 있는 데이브스 버거가 시그니처 메뉴며, 냉동 패티를 쓰지 않는 것으로 알려져 있다. 버거, 감자튀김, 음료 등은 스몰과 클래식 또는 라지로 구분되는데, 특히 큰 사이즈 음료는 성인 남성도 버겁다고 느낄 정도로 정말 크다.

 동네의 고급스러운 레스토랑
스톤 파크 카페 STONE PARK CAFÉ [스톤 파크 카페]

주소 324 5th Ave, Brooklyn **위치** 지하철 D, N, R, W호선 Union St역에서 도보 8분 **시간** 점심: 11:30~14:30(화~금) / 저녁: 17:30~22:00(일~목), 17:30~22:00(금, 토) / 브런치: 10:00~15:30(토, 일) **가격** $15(에그 베네딕트), $30(농어구이), $33(행어스테이크) **홈페이지** stoneparkcafe.com **전화** 718-369-0082

이 자리를 20년 가까이 지키고 있는 카페 겸 레스토랑으로, 동네 음식점이지만 파인다이닝을 즐길 수 있는 곳이다. 파스타나 고기, 생선 요리에 들어간 재료들과 플레이팅을 보면 오랜 고민 끝에 만들어진 요리라는 걸 금방 알아챌 수 있다. 가볍게 브런치를 즐기는 사람들도 많지만, 여럿이 모여 기념일을 축하하거나 술을 곁들여 식사하는 사람들도 많아 와인과 칵테일 종류도 다양하게 준비돼 있다. 주말에는 예약이 필요할 수 있다.

 분위기 좋은 남미 레스토랑
팔로 산토 Palo santo [팔로 산토]

주소 652 Union St, Brooklyn **위치** 지하철 D, N, R, W호선 Union St역에서 도보 1분 **시간** 브런치: 10:00~15:00(토, 일) / 디너: 18:00~22:30(월~목), 18:00~23:00(금), 17:00~23:00(토), 17:00~22:30(일) **가격** $15~18(타코), $28(슬로우 쿡 포크), $29(브런치 코스), $49(디너 코스) **홈페이지** palosantorestaurant.com **전화** 718-636-6311

현지인들에게 사랑받는 동네의 라틴 레스토랑으로, 전형적인 브루클린의 브라운스톤 하우스 1층에 자리한 분위기 있는 곳이다. 대표적인 남미 요리인 타코는 토끼고기, 랍스터, 생선, 야채 등 다양한 재료를 활용해 만들며, 기본적인 브런치 메뉴인 토스트나 샌드위치 같은 메뉴도 있다. 빈티지한 벽돌과 나무들로 꾸며져 있고 작은 파티오가 있어 사진 찍기에도 괜찮으며, 남미에서 온 와인과 맥주도 즐길 수 있어 방문해 볼 만하다.

 야외 공간이 있는 **바비큐 레스토랑 겸 펍**
피그 비치 Pig beach [피그 비치]

주소 480 Union St, Brooklyn 위치 지하철 D, N, R, W호선 Union St역에서 도보 6분 시간 17:00~
23:00(월), 17:00~22:00(수), 17:00~23:00(목), 15:00~24:00(금), 11:00~24:00(토), 11:00~23:00(일) 휴
무 화요일 가격 $8~14(피그비치 버거), $19~34(베이비 백 립) 홈페이지 pigbeachnyc.com

넓은 공간에서 맥주와 고기를 즐길 수 있는 미국식 바비큐 레스토랑으로, 현지인들이 강력히 추천하는 곳
이다. 야외 정원과 실내 공간으로 이루어져 있으며, 특히 여름에 야외 정원에서 맥주를 마시는 건 뉴욕에서
손에 꼽히는 최고의 경험이다. 미국 BBQ 요리 대회에서 몇차례 수상하기도 한 맛 좋은 립이나 버거는 비교
적 합리적인 가격이며, 칵테일과 와인, 현지 양조장에서 신선하게 배달되는 수제 맥주들도 맛볼 수 있다.

코니 아일랜드
Coney Island

브루클린의 남쪽 해안에 있는 작은 반도로, 네덜란드가 처음 발견했을 때에는 토끼가 많은 섬이어서 '코니 아일랜드'라는 이름을 가지게 됐다. 1840년대부터 피서지로 발전하기 시

Best Course

West 8 Street 지하철역

도보 5분

⬇

루나 파크

도보 5분

네이선스 페이머스

도보3분

⬇

코니 아일랜드 해변 대로

Tip.
오전부터 저녁까지 하루 종일 놀 수 있
는 놀이공원이다. 해변과 놀이공원을
오가며 뉴욕 외곽 바닷가의 휴일을 즐
겨 보자.

작했고, 지금은 해수욕장, 놀이공원, 요트 항
구가 들어와 있다. 맨해튼과 지하철로 연결돼
있어서 쉽게 갈 수 있으며, 특히 놀이공원이
개장하는 여름에 가장 많은 사람이 찾는다.

263

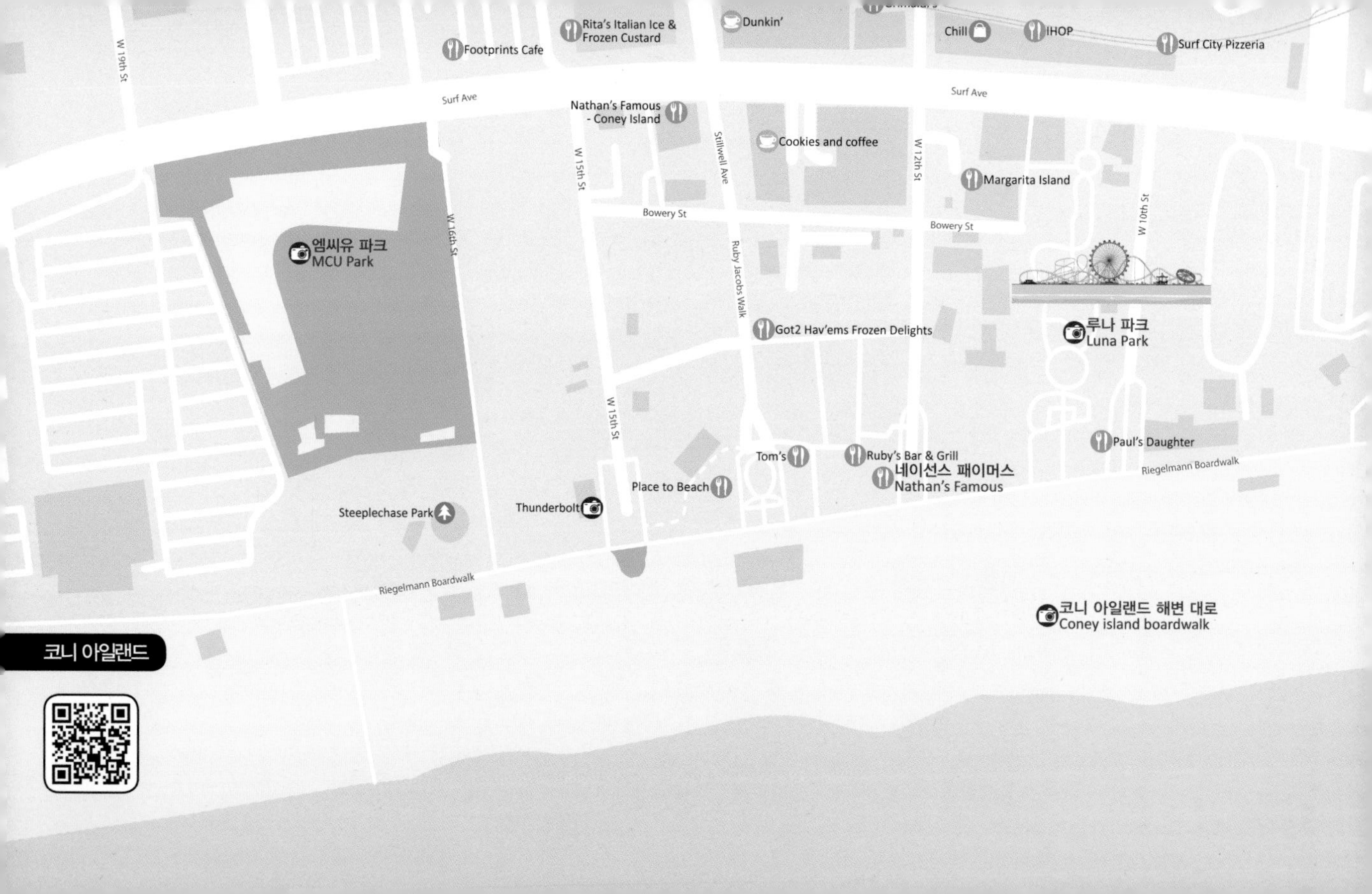

Footprints Cafe

Rita's Italian Ice & Frozen Custard

Dunkin'

Surf Ave

MCU Park
엠씨유 파크

Steeplechase Park

Riegelmann Boardwalk

Thunderbolt

Nathan's Famous - Coney Island

Chill

IHOP

Surf City Pizzeria

W 16th St

W 15th St

W 15th St

Bowery St

Stillwell Ave

Surf Ave

Ruby Jacobs Walk

Cookies and coffee

W 12th St

Bowery St

Place to Beach

Tom's

Got2 Have'ems Frozen Delights

Ruby's Bar & Grill

Nathan's Famous
네이선스 페이머스

Margarita Island

Luna Park
루나 파크

Paul's Daughter

W 10th St

Riegelmann Boardwalk

Coney Island boardwalk
코니 아일랜드 해변 다리

W 19th St

 바닷가와 함께 즐기는 놀이공원
루나 파크 Luna Park [루나 파크]

주소 1000 Surf Ave, Brooklyn 위치 지하철 D, F, N, Q호선 West 8 Street- New York Aquarium역에서 도보 3분 시간 홈페이지 캘린더에 공지(4~10월만 운영)/ 11:00~24:00(여름), 봄가을 오전11:00~19:00(봄가을) 요금 무료입장/ $3~22(놀이기구), $69(무제한 이용권, 온라인 예매시 $29) 홈페이지 lunaparknyc.com 전화 718-373-5862

바닷가 바로 옆의 놀이공원으로, 4월부터 10월까지 하절기에만 운영한다. 관람차, 롤러코스터, 회전목마, 먹거리 등이 다양한 놀이 기구가 있어 적은 규모는 아니며, 어린아이들을 위한 놀이 기구는 물론 스릴 넘치는 놀이 기구들이 함께 모여 있어 어른들도 즐길 수 있다. 따로 입장료는 없으며, 놀이 기구 앞에서 해당 기구만 이용 가능한 탑승권을 구매하거나, 루나 카드에 크레딧을 충전해 놀이 기구 탑승 시 바코드를 찍고 들어갈 수 있다. 무제한 자유 이용권도 있는데, 최소 하루 전 온라인으로 예매하면 40% 할인된 가격에 구매할 수 있다. 매년 6월 머메이드 퍼레이드를 할 때에는 다양한 코스튬을 한 사람들을 구경할 수도 있으니, 방문 일정이 겹친다면 꼭 들러 보자.

썬더볼트 Thunderbolt $10

수직으로 35m 높이에 올라갔다가 시속 88km 의 속력으로 하강하는 롤러코스터로, 112도 이 상의 경사면을 따라 달리는 스릴 넘치는 놀이 기 구다. 1925년부터 1982년까지는 목조 형태였 다가 강철로 다시 만들어 2014년부터 운행을 시작했다.

린즈 트라페즈 Lynn's Trapeze $4

공중에서 빙글빙글 돌아가는 그네로, 높이 올라 갔을 때 가속도에 의해 몸이 한쪽으로 기울어지 는 재미가 있다. 속도가 아주 빠르지는 않아 1m 이상의 어린이들도 탑승할 수 있으며, 하늘 높이 에서 바라보는 바다와 코니 아일랜드의 모습이 아주 예쁘다.

소링 이글 Soaring Eagle $7

날아오르는 독수리라는 이름처럼 슈퍼맨 자세 로 엎드려 탑승하는 롤러코스터다. 나선형으로 회전하기도 하거나 낙하하는 구간도 있으며, 최 대 시속 65km 정도로 꽤 스릴 넘치는 놀이 기 구다.

사이클론 Cyclone $10

첫 운영으로부터 100년이 다 되어 가는 롤러코 스터로, 여전히 건재하게 운영 중이다. 에버랜드 의 티 익스프레스와 비교했을 때 총 길이는 절반 정도지만 낙하 회수는 12회로 동일하고 속도도 거의 비슷해 오르락내리락을 빠르게 반복한다.

원더휠 Wonder wheel $8

영화에도 나왔던 형형색색의 관람차로, 보통의 관람차와 달리 그네처럼 앞뒤로 움직이는 스윙 칸이 있 다. 무섭거나 위험하지는 않지만 어린아이와 함께 있다면, 줄을 설 때 스윙 라인과 스태셔너리 라인으 로 나뉘니 잘 확인하자. 루나카드로는 탑승할 수 없으며, 놀이 기구 바로 앞에서 티켓을 구매할 수 있다.

 뉴욕 스타일의 핫도그 가게
네이선스 패이머스 Nathan's famous [네이선스 패이머스]

주소 1205 Riegelmann Boardwalk, Brooklyn 위치 루나 파크 주변 곳곳 시간 10:30~23:00/ 9:00~24:00 (금, 토) 가격 $4.75(핫도그), $3.75(프렌치프라이), $5.59(치즈버거) 홈페이지 nathansfamous.com 전화 718 -333-2202

100년 넘은 핫도그 집. 빵에 길다란 소시지 하나 들어가 있는 모습이지만 육즙이 풍부하고 식감이 좋아 종종 생각나는 맛이다. 핫도그를 주문해 받은 뒤 뒤쪽의 소스 코너에서 직접 소스를 뿌리게 되어 있다. 오리지널도 맛있지만 베이컨이나 치즈, 칠리를 넣어 먹을 수도 있다. 바닷가를 바라보고 있는 큰 매장이 본점이지만, 루나 파크 안에 작은 매장과 푸드 트럭도 있어 찾기 쉽다. 매년 7월 4일에는 핫도그 많이 먹기 대회를 개최하는데, 이 대회 역시 오랜 전통을 자랑한다.

 바닷가의 마이너리그 구장
엠씨유 파크 MCU Park [엠씨유 파크]

주소 1904 Surf Ave, Brooklyn 위치 지하철 D, F, N, Q호선 Coney Island-Stillwell Ave역에서 도보 9분
홈페이지 brooklyncyclones.com 전화 718-449-8497

마이너리그인 뉴욕 펜 리그Newyork Penn League의 2019년 우승 팀이었던 브루클린 사이클론스의 홈
구장이다. 여름 쇼트 시즌 동안 가족들과 함께 바로 옆 루나 파크에 들르면서 방문하는 사람도 많다. 마이
너리그이기 때문에 가격도 비교적 합리적이며, 경기가 끝난 뒤 불꽃놀이를 하는 날도 있다. 구장에서 바다
와 놀이공원이 보여 색다른 전망도 즐길 수 있으며, 네이선스 핫도그와 함께 경기를 보는 사람이 많다.

 길게 뻗은 해변 산책로
코니 아일랜드 해변 대로 Coney Island beach & boardwalk [코니아일랜드 비치 앤 보드워크]

주소 37 Riegelmann Boardwalk, Brooklyn 위치 지하철 D, F, N, Q호선 West 8 Street-New York Aquarium역에서 도보 6분 시간 6:00~다음 날 1:00 홈페이지 nycgovparks.org 전화 718-946-1350

1923년에 공식 개장해 100년이 되어 가는 해변 보드워크로, 총 길이는 세계에서 두 번째로 긴 약 46km 이다. 해변 대로를 따라 다양한 놀이 기구가 있는 루나 파크를 비롯해 즐길 거리가 많아 사람들이 많이 찾는다. 코니 아일랜드 해변과 브라이턴 비치에서는 바닷가에 앉아 피크닉을 즐기거나 태닝을 하는 사람들도 많다. 여름뿐 아니라 겨울에도 바다를 산책하는 사람들이 제법 있다. 2018년부터 뉴욕시 랜드마크로 지정돼 보존, 관리되고 있다.

윌리엄스버그
Williamsburg

지금 뉴욕에서 가장 힙한 곳을 꼽으라면 떠오르는 동네로, 몇 년 사이 크게 발전한 지역이기도 하다. 맨해튼과 윌리엄스버그 다리로 연결돼 있으며 지하철을 타면 10분 내외로

Best Course

베드포드 애비뉴

도보 15분

⬇

피터 루거(식사)

도보 15분

⬇

도미노 공원

도보 17분 또는 B32번 버스 10분

⬇

브루클린 양조장

Tip.

베드포드 애비뉴를 중심으로 여러 매장을 돌아다니다가 도미노 공원에서 석양을 즐기고, 맥캐런 공원 인근의 루프 톱 바나 술집에서 뉴욕의 밤을 즐겨 보자.

이동할 수 있기 때문에 도심과의 접근성이 좋아, 최근 괜찮은 호텔들도 많이 생겨 났다. 빈티지한 감성이 살아 있는 예술가들의 아지트였지만 요즘은 여행객들도 많이 찾는 활기찬 동네가 됐다.

월리엄스버그

Paulie Gee's

WORD

Taco Bell

Café Grumpy
- Greenpoint

The Diamond

Greenpoint Fish & Lobster Co.

Greenpoint Ave

Calyer St

Meserole Ave

Norman Ave

Manhattan Ave

McGuinness Blvd

Nassau ave

Guernsey St

Dobbin St

Franklin St

Banker St

Lorimer St

Norman Ave

버슨 앤 레이놀드
Burson and Reynolds

M Nassau Avenue Station

머스 빈티지
Mirth Vintage

Driggs Ave

McGuinness Blvd S

위스 호텔
wythe hotel

더 윌리엄 베일
The william vale

더 윌리엄스버그 호텔
The williamsburg hotel

H 웨스트라이트
Westlight

Engert Ave

Graham Ave

H

스모가스버그
Smorgasburg

H

브루클린 양조장
Brooklyn Brewery

Manhattan Ave

아티스트 앤 플리
Artists & Fleas

쉘터
Shelter

맥캐런 호텔 앤 풀
McCarren Hotel & Pool

Wythe Ave

N 11th St

N 10th St

Sweet Chick

N 9th St

Pete's Candy Store

N 8th St

Bedford Ave

Berry St

Radegast Hall
& Biergarten

M Bedford Avenue Station

N 7th St

Night of Joy

Brooklyn Queens Expwy

River St

Kent Ave

N 6th St

N 5th St

Driggs Ave

Roebling St

Jackson St

N 3rd St

N 4th St

Skillman Ave

Metropolitan Ave

Havemeyer St

Conselyea St

도미노 파크
Domino Park

Grand St

Lorimer Street Station M

Metropolitan Ave

Freehold

S 1st St

Fette Sau

M Metropolitan Av Station

Wythe Ave

Berry St

S 2nd St

Walter Sports

Rodney St

Keap St

Devoe St

Bedford Ave

S 3rd St

Driggs Ave

Roebling St

Powers St

Williamsburg Bridge

S 4th St

Black Flamingo

Grand St

Pies 'n' Thighs

Maujer St

S 6th St

S 5th St

Beringuen Pl

Union Ave

Ten Eyck Garden

Broadway

Peter Luger Steak House

Stagg St

S 8th St

Scholes St

S 9th St

Wythe Ave

Meserole St

S 10th St

The Travel Store

M Marcy Av

S 5th St

Trophy Bar

Broadway

Division Ave

M Hewes St

Bedford Ave

Central Market

Lee Ave

Clymer St

Keap St

Williamsburg St W

Hooper St

M Broadway

Boerum St

Hewes St

Williamsburg St E

Penn St

Lerner Shtreimel

Grill On Lee

Rutledge St

M Lorimer St

Kent Ave

Heyward St

Lynch St

Middleton St

Lorimer St

Walton St

Throop Ave

미쉐린 1스타 스테이크하우스
피터 루거 Peter Luger steakhouse [피터 루거 스테이크하우스]

주소 178 Broadway, Brooklyn 위치 지하철 J, M, Z호선 Marcy Ave역에서 도보 5분 시간 11:45~21:45(월 ~목), 11:45~22:45(금~토), 12:45~21:45(일) 가격 $109.9(스테이크 2인), $164.85(3인), $18.95~39.95(런 치) 홈페이지 peterluger.com 전화 718-387-7400

뉴욕에서 손꼽히는 스테이크하우스로, 《미쉐린 가이 드》에서 별 하나를 받은 곳이기도 하다. 1887년 칼 루 거스 카페라는 이름으로 문을 열어 100년 넘게 운영 하고 있는데, 지금도 모든 고기는 가족 중 하나가 직접 시장에 가 최고급을 골라온다고 한다. 오후 3시 45분 전에 방문하면 요일별 런치 메뉴도 주문할 수 있지만, 시그니처 메뉴인 드라이 에이징 프라임 비프 스테이 크를 꼭 먹어보기를 추천한다. 원래는 전화로만 예약

을 받아 현지 전화번호가 없는 여행객은 오랜 시간 대기해야 했으나, 최근 온라인 예약도 가능해졌다. 인 기가 많아 한 달 전에는 예약하는 것이 좋으며, 노쇼의 경우 노쇼 비용 $40가 빠져나간다.

공원의 푸드밴더 마켓
스모가스버그 Smorgasburg [스모가스버그]

주소 90 Kent Ave, Brooklyn 위치 ①이스트강 스테이트 공원 내부 ②지하철 L호선 Bedford Ave역에서 도보 10분 시간 11:00~18:00(토) *4~10월 동안 운영 홈페이지 smorgasburg.com

이스트 강변에서 열리는 푸드 마켓으로, 4월부터 10월까지 하절기 동안 매주 토요일 오전 11시부터 저녁 6시까지 열린다. 100여 개의 푸드 밴더가 들어오는데, 세금이 붙지 않아 합리적인 가격에 괜찮은 음식들을 맛볼 수 있어 정말 많은 사람들이 찾는다. 장터를 돌아다니 며 음식을 받아 강변에 앉아 맨해튼 쪽을 바라보며 먹는 점심은 최고 의 맛이다. 윌리엄스버그에서는 토요일에 열리지만 금요일에는 맨해 튼의 세계 무역 센터, 일요일에는 프로스펙트 공원에서도 만나볼 수 있다.

현지 셀러들이 모이는 창고형 플리마켓
아티스트 앤 플리 Artists & fleas [아티스트 앤 플리]

주소 70 N 7th St, Brooklyn 위치 지하철 L호선 Bedford Ave역에서 도보 5분 시간 10:00~19:00(토, 일) 홈페이지 artistsandfleas.com 전화 917-488-4203

주말에 열리는 플리마켓으로, 첼시 마켓과 소호에도 같은 이름의 매장이 있다. 2003년 처음 창고에서 시작했던 윌리엄스버그 매장에서는 매주 75개 이상의 로컬 판매자가 패션, 빈티지, 예술, 디자인 제품들을 판매하는데, 따로 매장을 가지지 않고 온라인스토어만 운영하는 브랜드나 자신의 작품 또는 소장품을 판매하기 위한 예술가들이 주를 이룬다. 단순한 소비활동을 넘어 판매자와 구매자 간의 커뮤니케이션을 소중히 하는 공간이기 때문에 제품에 대한 이야기가 편하게 오가는 분위기다.

피자, 스테이크, 술도 맛있는 레스토랑
쉘터 Shelter [쉘터]

주소 80 N 7th St, Brooklyn 위치 지하철 L호선 Bedford Ave역에서 도보 4분 시간 저녁: 17:00~24:00(일~목), 17:00~다음 날 1:00(금), 16:00~다음 날 1:00(토)/브런치: 11:00~16:00(토~일) 가격 $16(마르게리타), $6(엠파나다), $26(포크 립) 홈페이지 shelterbk.com 전화 718-388-8338

분위기 좋은 레스토랑으로, 성조기가 그려진 빈티지한 창고 벽 덕분에 눈에 띄는 곳이다. 외부와 내부 모두 잘 꾸며져 있으며, 안쪽으로 자리가 많이 있어 편하게 식사를 즐길 수 있다. 시그니처 메뉴를 피자라고 소개하고 있지만, 피자와 엠파나다뿐 아니라 버거나 스테이크도 맛있고, 에그 베네딕트 같은 브런치 메뉴나 디저트 케이크도 괜찮다. 칵테일 종류도 다양하게 있어 많은 방문자들이 최고의 맛집으로 꼽는 곳 중 하나다.

브루클린을 대표하는 양조장

브루클린 양조장 Brooklyn Brewery [브루클린 브루어리]

주소 79 N 11th St, Brooklyn **위치** 지하철 L호선 Bedford Ave역에서 도보 8분 **시간** 17:00~23:00(월 ~목), 14:00~24:00(금)/ 스몰 배치(월~금): 17:00, 17:45, 18:30, 19:15/ 주말: 12:00~24:00(토), 12:00~20:00(일), 13:00~18:00(무료 투어) **가격** $6~11(맥주 한 잔), $2(포테이토칩), $18(스몰 배치 투어) **홈페이지** brooklynbrewery.com **전화** 718-486-7422

20종이 넘는 맥주와 와인을 가지고 있는 양조장으로, 널찍한 테이블이 있는 테이스팅 룸에서 맥주를 즐길 수 있다. 평일에는 가이드와 함께 양조장을 구경하며 샘플 맥주 네 잔도 마실 수 있는 스몰 배치 투어도 진 행하며, 홈페이지를 통해 미리 예약해야 한다. 테이스팅 룸 입장은 무료며, 외부 음료를 제외한 음식을 가 져오거나 배달할 수 있어 피자나 버거 등을 사와 즐길 수 있다. 만 21세 이상만 입장할 수 있어 입구에서 신분증 검사를 하니 여권을 꼭 챙겨야 한다.

지금 뉴욕에서 가장 분위기 좋은 루프 톱 바

웨스트라이트 Westlight [웨스트라이트]

주소 111 N 12th St 22nd Floor, Brooklyn **위치** ①지하철 L호선 Bedford Ave역에서 도보 10분 ②지하철 G 호선 Nassau Av역에서 도보 7분 **시간** 16:00~24:00(월~목), 16:00~다음 날 2:00(금), 14:00~다음 날 2:00 (토), 14:00~24:00(일) **가격** $18(칵테일), $14~17(진), $16(타코), $18(버거) **홈페이지** westlightnyc.com **전화** 718-307-7100

22층에 자리한 루프 톱 바로, 이스트강 너머로 맨해튼 전경 을 볼 수 있어 인기가 좋은 곳이 다. 큰 유리창 안쪽으로 넓은 소 파 좌석과 테이블들이 여러 개 있으며, 야외 좌석도 마련돼 있 다. 자리에 앉기 위해서는 미리 예약을 하고 방 문해야 한다. 월요일 밤에는 재즈나 펑크 뮤지션들의 라이브 공연도 있어 분위기를 더한다. 라벤더 레이크, 선셋 파크, 플 래싱 라이트처럼 예쁜 이름을 가진 칵테일들을 비롯해 맥주 와 와인, 구하기 어려운 클래식한 음료들도 많이 있어 요즘 뉴욕에서 가장 인기있는 루프 톱 바 중 하나로 꼽힌다.

소소한 기념품과 라이프 스타일 소품
버슨 앤 레이놀드 BURSON & REYNOLDS [버슨 앤 레이놀즈]

주소 649 Manhattan Ave, Brooklyn 위치 지하철 G호선 Nassau Ave역에서 도보 1분 시간 11:00~19:00
(화~목, 일), 11:00~20:00(금~토), 14:00~14:30(브레이크타임) 휴무 월요일 가격 $4~150(기념품), $35~600
(침구류) 홈페이지 bursonandreynolds.com 전화 917-909-1194

라이프 스타일 소품 편집 매장으로, 침구, 식탁보, 인테리어 소품, 문구류 등을 판매하고 있다. 매장 규모가
크지는 않지만 다양한 제품들을 잘 진열해 두어 구경할 제품이 꽤 많다. 부부가 직접 셀렉해 오는 제품들
중에는 핸드메이드 제품도 많이 있으며, 소장 가치가 있는 디자인 소품이 많다. 온라인으로도 판매하고 있
지만 웹페이지에 업로드 되지 않은 제품들도 매장에 많다. 집을 꾸밀 소품이나 선물용 기념품을 사기 좋아
한 번쯤 들러 볼 만하다.

과하지 않은 톤의 빈티지 매장
머스 MIRTH VINTAGE [머스 빈티지]

주소 606 Manhattan Ave, Brooklyn 위치 지하철 G호선 Nassau Ave역에서 도보 1분 시간 12:00~20:00
(월~금), 11:00~19:00(토), 12:00~18:00(일) 홈페이지 mirth.co 전화 914-714-1954

베이직한 컬러감의 제품들을 주로 셀렉하는 빈티지 숍으로, 의류와 더불어 신발, 가방, 액세서리류도 있
다. 보통 빈티지 숍 하면 떠오르는 과한 스타일이 아니라, 화이트, 베이지, 블랙 톤의 톤다운된 컬러에 소재
나 디자인 요소들로 유니크함을 더한 것들이 많아 쇼핑하기 좋다. 1900년대 초반에 만들어진 오래된 옷
들도 종종 들어오며, 심플하면서도 존재감 있는 귀걸이나 목걸이도 많이 있다.

브루클린 브릿지의 뒤를 이을 석양 포인트
도미노 공원 Domino Park [도미노 파크]

주소 300 Kent Ave, Brooklyn 위치 지하철 L호선 Bedford Ave역에서 도보 15분 시간 6:00~다음 날 1:00
홈페이지 dominopark.com 전화 212-484-2700

이스트 강변의 공원으로, 윌리엄스버그 다리 바로 옆에 있다. 비교적 최근에 생겨 아직 한국 여행객들에게
많이 알려져 있지는 않지만, 맨해튼 스카이라인을 볼 수 있어 현지인들은 많이 찾는다. 석양과
야경이 아름다운 포인트 중 한 곳이다. 넓지는 않지
만 공놀이를 하거나 강아지와 뛰놀 수 있는 잔디
밭과 분수, 강변 산책로와 미끄럼틀 놀이터가 있
다. 날이 춥지 않다면 공원 안에 자리한 타코치나
Tacocina의 테라스에서 타코나 나초 같은 가벼운
식사와 함께 맥주를 즐기는 것도 추천한다.

부시윅

Bushwick

브루클린에서 가장 오래된 주거 지역 중 하나
로, 서민층이나 이민자들이 주로 살고 있다.
건물 한쪽 벽면을 통째로 차지한 큼직큼직한
그래피티가 많아 거리를 걷기만 해도 미술관
에 온 것 같은 느낌이 드는 곳이다. 지도상으
로는 맨해튼 중심에서 멀어 보이지만 지하철
노선이 잘 연결돼 있어 금방 갈 수 있다.

Best Course

M호선 Central Ave역
도보 3분
⬇
지지스 소셜 트레이드

도보 6분
⬇
워십

도보 10분
⬇
포레스트 포인트(식사)
도보 5분
⬇
프렌즈

Tip.
빈티지 숍이 줄지어 있는 대로를 걸으
며 보물찾기를 해 보고, 거리의 그래피
티 앞에서 재미난 사진을 찍어 보자.

Our Wicked Lady

Randolph St

Caffè Vita

Johnson Ave

Stewart Ave

Guadalupe Inn

Varick Ave

Faro

ICHIRAN NY Brooklyn

Ingraham St

Jefferson Street Subway Station Ⓜ

Morgan Ave

Knickerbocker Ave

Harrison Pl

Falansai

Flushing Ave

Oriental Lumber

Jefferson St

Ⓜ Morgan Avenue Subway Station

Irving Ave

프렌즈 엔와이씨
Friends NYC

로베르타스
Roberta's

Urban Jungle

Bunna Cafe

GreenStreets Salads

Beacon's Closet

더빈 스트리트 빈티지 아웃포스트
Dobbin Street Vintage Outpost

Melrose St

Knickerbocker Ave

Mominette Bistro

포레스트 포인트
Forrest Point

Wilson Ave

Yours Sincerely

체스 앤드 더 스핑크스
Chess and the Sphinx

Molasses Books

Flushing Ave

Noll St

George St

Melrose St

Central Ave

Jefferson St

Troutman St

Starr St

워십
Worship

Molasses Books

부시윅

Central Cafe Brooklyn

Central Ave

Willoughby Ave

Suydam St

Wilson Ave

Hart St

Dekalb Ave

엘 트레인 빈티지
L Train Vintage

Evergreen Ave

Jefferson St

Troutman St

지지스 소셜 트레이드
GG's Social Trade & Treasure Club

Stockholm Ave

Rebecca's

Bushwick Public House

Central Ave Ⓜ

Happyfun Hideaway

Hart St

Cedar St

Papa John's Pizza

Bushwick Leaders' High School

작은 창고 스타일의 빈티지 매장
지지스 소셜 트레이드 GG's social trade & Treasure club [지지스 소셜트레이드 앤 트레저클럽]

주소 1339 Dekalb Ave, Brooklyn **위치** 지하철 M호선 Central Ave역에서 도보 3분 **시간** 12:00~21:00/
12:00~22:00(금) **홈페이지** ggsocialclub.com **전화** 347-808-1919

개성 있는 부티크 액세서리, 여성 의류를 주로 다
루고 있는 빈티지 숍이다. 부시윅 지역의 청년 네
트워크를 주도하는 구성원들에 의해 운영되고 있
으며, 빈티지 매장뿐 아니라 갤러리나 커뮤니티
공간으로 활용할 수 있는 공간도 매장 뒤편에 함
께 운영하고 있다. 주로 패턴과 컬러가 화려한 옷
이 많으며, 매장 규모가 큰 편은 아니어서 금방 둘
러볼 수 있기 때문에 한 번쯤 들러 보기 좋다.

아주 저렴한 가격의 중고 패션 매장
엘트레인 빈티지 L Train vintage [엘트레인 빈티지]

주소 1377 Dekalb Ave, Brooklyn **위치** 지하철 M호선 Central Ave역에서 도보 4분 **시간** 12:00~20:00 **휴
무** 일요일 **홈페이지** ltrainvintagenyc.com **전화** 718-443-6940

1999년부터 운영해 온 세컨핸드 매장으로, 뉴욕 전
역에 지점이 있다. 가벼운 반팔 티셔츠부터 두꺼운
코트까지 모든 종류의 옷이 있으며, 신발과 가방, 벨
트 등 패션 소품도 다양하다. 창고형 매장의 형태를
띠고 있어 시대별로 소장 가치가 있는 제품을 셀렉
해 진열하는 빈티지샵은 아니다. 하지만 가격이 굉
장히 저렴해 $10 미만의 옷이나 신발도 찾아볼 수
있다. 종종 괜찮은 브랜드의 상태가 좋은 제품들도
있으니 보물찾기를 해 봐도 좋다.

방문할 가치가 있는 빈티지 편집 매장

워십 Worship [워십]

주소 117 Wilson Ave, Brooklyn 위치 지하철 M호선 Central Ave역에서 도보 8분 시간 12:00~20:00 홈페이지 shopworship.com 전화 718-484-3660

2013년부터 자리를 지켜온 빈티지 부티크로, 1900년대 후반의 제품을 주로 판매한다. 간혹 유명 디자이너 브랜드의 제품도 찾아볼 수 있으며, 개성 있는 액세서리나 패션 소품들도 많이 있다. 매장 내부는 항상 잘 정리돼 있고, 제품을 종류별로 모아 두어서 쇼핑하기에 편리하다. 인스타그램에는 룩을 코디한 사진을 올리고 있어 스타일링에 도움이 되기도 한다. 매장 안쪽에는 빈티지 매장 중 보기 드물게 아이들의 옷도 판매하고 있다.

빈티지 여성의류 편집 매장

체스 앤드 더 스핑크스 Chess and the Sphinx [체스앤더스핑크스]

주소 252 Knickerbocker Ave, Brooklyn 위치 지하철 M호선 Central Ave역에서 도보 10분 시간 12:00~20:00(월~토), 12:00~19:00(일) 홈페이지 chessandthesphinx.com 전화 718-366-2195

회화를 전공한 오너가 운영하는 빈티지 매장으로, 오랫동안 빈티지를 수집해 온 취향이 드러나는 곳이다. 1900년대 초반의 드레스도 심심치 않게 만날 수 있으며, 페미닌하면서도 시크한 스타일이 주를 이룬다. 간혹 1900년대 중후반의 빅토리아 시크릿도 만날 수 있으며, 드레스, 재킷, 신발, 가방 모두 좋은 퀄리티를 유지하고 있어 한 번쯤 들러 볼 만하다.

 캐주얼한 분위기의 동네 맛집
포레스트 포인트 Forrest point [포레스트 포인트]

주소 970 Flushing Ave, Brooklyn 위치 지하철 L호선 Morgan Ave역에서 도보 5분 시간 12:00~24:00(월~목, 마감 주문 23:45), 11:00~다음 날 2:00(금, 마감 주문 24:45), 10:00~다음 날 2:00(토, 마감 주문 24:45), 10:00~24:00(일, 마감 주문 23:45) 가격 $13(치즈버거), $18(런치세트), $15(주말 브런치 베네딕트) 홈페이지 forrestpoint.com 전화 718-366-2742

온실이 딸린 창고처럼 생긴 공간의 레스토랑으로, 피크 타임에는 넓은 내부가 꽉 차고도 줄을 서야 하는 맛집이다. 바에서는 낮에는 커피를, 밤에는 칵테일 등 다양한 음료를 제공한다. 버거나 타코도 괜찮고, 할라피뇨로 느끼함을 잡은 할라피뇨 맥앤치즈, 주말 브런치 타임에만 맛볼 수 있는 에그 베네딕트도 맛이 좋다.

패션, 가구 소품 빈티지 편집 매장
더빈 스트리트 빈티지 아웃포스트 Dobbin Street Vintage Outpost
[더빈 스트릿 빈티지 아웃포스트]

주소 1033 Flushing Ave #1806, Brooklyn 위치 지하철 L호선 Morgan Ave역에서 도보 5분 시간 12:00~19:00 홈페이지 dobbinstcoop.com 전화 929-900-5441

다채로운 컬러와 소재의 소파, 오래된 테이블과 등, 화분이나 거울 같은 빈티지 가구를 주로 다루며, 빈티지 패션 아이템도 갖추고 있는 편집 매장이다. 흔하지 않은 소품들이 많아 꼭 구매하지 않더라도 둘러보기 좋으며, 매장 안쪽에 뒤뜰도 잘 꾸며져 있다. 인근 브루클린 지역에 지점 세 개를 가지고 있기도 하다.

 영 타깃의 패션, 라이프스타일 편집 매장
프렌즈 Friends NYC [프렌즈 엔와이씨]

주소 56 Bogart Street, Ground Floor, Brooklyn 위치 지하철 L호선 Morgan Ave역에서 도보 1분 시간 11:00~20:30 홈페이지 friendsnyc.com 전화 718-386-6279

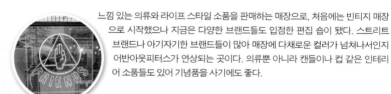

느낌 있는 의류와 라이프 스타일 소품을 판매하는 매장으로, 처음에는 빈티지 매장으로 시작했으나 지금은 다양한 브랜드들도 입점한 편집 숍이 됐다. 스트리트 브랜드나 아기자기한 브랜드들이 많아 매장에 다채로운 컬러가 넘쳐나서인지 어반아웃피터스가 연상되는 곳이다. 의류뿐 아니라 캔들이나 컵 같은 인테리어 소품들도 있어 기념품을 사기에도 좋다.

 부시윅의 숨은 보석 맛집
로베르타스 Roberta's [로베르타스]

주소 261 Moore st, Brooklyn 위치 지하철 L호선 Morgan Ave역에서 도보 2분 시간 11:00~16:00(월~금)/
디너: 16:00~24:00(월~일)/ 브런치: 10:00~16:00(토, 일) 가격 $17(마르게리타), $18(페이머스 오리지널),
$19(하와이안) 홈페이지 robertaspizza.com 전화 718-417-1118

나무 오븐에서 구운 화덕 피자로 유명한 피자집으로, 일부러 멀리에서도 찾아오는 사람이 있을 정도로 인
기가 좋다. 힙한 분위기로 실내나 비어 가든 좌석 모두에 앉을 수 있으며, 웨이팅이 많은 편이어서 예약하
고 방문하는 것도 좋다. 피자는 다양한 종류가 있는데, 비 스팅Bee sting이나 더 빅 스팅크The big stink처
럼 메뉴판에 없는 히든 메뉴를 팔기도 한다. 와인도 꽤 괜찮아 피자와 함께 곁들여도 좋다. 또 안쪽에 블랑
카Blanca라는 미슐랭 투스타 레스토랑이 함께 자리하고 있는데, 저녁 코스 요리만 제공하며, 역시 힙한 분
위기의 오픈 키친 형태로 두 레스토랑 모두 방문해 볼 만하다.

브루클린 추천 숙소

지하철로 맨해튼 도심까지 쉽게 갈 수 있고, 예술가들의 아지트인 만큼 볼거리가 많은 브루클린에 숙소를 잡는 것도 좋다. 게다가 맨해튼 도심보다 가격이 비교적 저렴하며, 최근에 지어진 신식 호텔들이 많은 편이다. 브루클린 지역에서 인기 있는 호텔들을 꼽아 보았다.

브루클린 브릿지 바로 옆의 5성급 호텔
원 호텔 브루클린 브릿지 1 hotel Brooklyn bridge [원 호텔 브루클린 브릿지]

©wythe hotel

주소 60 Furman St, Brooklyn 위치 지하철 A, C 호선 High Street-Brooklyn Bridge역에서 도보 10분 가격 일반 객실 비수기 5~60만 원대 홈페이지 1hotels.com 전화 347-696-2500

브루클린 브릿지 전망이 좋아 브루클린에서 가장 인기가 많은 호텔이다. 루프 톱 수영장과 라운지도 분위기가 좋아 많은 사람들이 찾는다.

공장 건물을 개조한 4성급 부티크 호텔
위스 호텔 Wythe hotel [위스 호텔]

©wythe hotel

주소 80 Wythe Ave, Brooklyn 위치 지하철 L호선 Bedford역에서 도보 8분 가격 일반 객실 비수기 20~30만 원대 홈페이지 wythehotel.com 전화 718-460-8000

과거 직물 공장으로 쓰이던 건물을 개조해 만든 호텔이다. 객실 타입에 따라 이스트강 너머로 맨해튼 스카이라인을 볼 수 있으며, 바로 앞에 브루클린 양조장이 있어 맥주를 즐기기도 좋다. 무엇보다 옛 건물의 느낌을 살린 인더스트리얼 디자인이 매력적인 호텔이다.

아름다운 루프 톱 수영장을 가진 호텔
더 윌리엄스버그 호텔 The Williamsburg hotel [더 윌리엄스버그 호텔]

주소 96 Wythe Ave, Brooklyn 위치 지하철 L호선 Bedford역에서 도보 7분 가격 일반 객실 비수기 30만 원대 홈페이지 thewilliamsburghotel.com 전화 718-362-8100

로비에 들어서면서부터 잘 꾸며졌다는 느낌이 드는 호텔이다. 루프 톱 라운지와 수영장에서는 이스트강과 맨해튼 스카이라인을 볼 수 있으며, 객실 타입에 따라 객실 내 테라스에서도 맨해튼 뷰를 즐길 수 있다.

뉴욕에서 손꼽히는 루프 톱을 가진 5성급 호텔
더 윌리엄 베일 The William Vale [더 윌리엄 베일]

주소 111 N 12th St, Brooklyn 위치 지하철 L호선 Bedford역에서 도보 10분 가격 일반 객실 비수기 30~40만 원대 홈페이지 thewilliamvale.com 전화 718-631-8400

멀리서도 W와 V를 연상시키는 호텔 하단 구조물 덕분에 눈에 띄는 건물이다. 호텔 22층에 윌리엄스버그에서 가장 아름다운 루프 톱 바인 웨스트라이트가 있어, 숙박을 하지 않더라도 많은 사람들이 찾는 곳이다. 야외 수영장과 객실도 잘 관리돼 있어 머무를 만하다.

수영장이 유명한 작은 호텔
맥캐런 호텔 앤 풀 McCarren Hotel & Pool [맥캐런 호텔 앤 풀]

주소 160 N 12th St, Brooklyn 위치 지하철 L호선 Bedford역에서 도보 6분 가격 일반객실 비수기 20만원대 홈페이지 mccarrenhotel.com 전화 718-218-7500

맥캐런 공원 바로 옆에 있으며, 객실에서 내려다보이는 야외 수영장이 있어 여름에 인기 좋은 호텔이다. 수영장이 문을 닫는 가을, 겨울보다는 여름에 묵는 것을 추천한다.

스태튼 아일랜드

Staten Island

뉴욕의 자치구 중 가장 북쪽에 있는 지역으로, 오랜 시간 농경 지역으로 남아 있다가 19세기 말부터 거주자가 늘어나 다양한 민족이 모여 살기 시작했다. 힙합의 본고장이어서 유명한 힙합 클럽이나 라틴 재즈 바도 있지만, 지하철이 촘촘히 연결되지는 않아 여행객들이 많이 찾지는 않는다. 맨해튼까지 일곱 개의 지하철과 기차 노선이 깔려 있지만, 버스나 우버, 택시로의 환승이 불가피한 곳도 있다. 그래도 비교적 가 볼 만한 곳을 골라 보았다.

Best Course

세인트 조지 페리 터미널
S44, S40 버스로 20분
⬇

스너그 하버 문화 센터 & 식물원

S44, S40, S46 버스로 22분
⬇

카르고 카페

도보 10분
⬇

세인트 조지 페리 터미널

Richmond University Medical Center

West Cork Union Hall

Henderson Ave

Castleton Ave

St. Peter's Boys' High School

Intermediate School
61 William A. Morris

Forest Ave

Bard Ave

Kissel Ave

Cottage Row

스너그 하버 문화 센터 & 식물원
Snug Harbor Cultural Center & Botanical Garden

Richmond Terrace

Lucky Garden

Henderson Ave

Lafayette Ave

Franklin Ave

Gerard's Plant Market

Prospect Ave

New Pari Jan

Brighton Ave

P.S. 31 William T Davis

York Ave

Jersey St

Layton Ave

Westervelt Ave

Crescent Ave

Cebra Ave

Jersey St

McKee High School

Richmond Terrace

리치먼드 뱅크 볼파크
Richmond County Bank Ballpark

Hamilton Ave

Beso

Western Beef Supermarket

St Pauls Ave

Victory Blvd

The Flagship Brewing Company

Bay St

카고 카페
Cargo Cafe

National Lighthouse Museum

Bay St

St. George

Tompkinsville Station

매일 20~30분 간격으로 무료 운행하는 데다가, 자유의 여신상, 브루클린 브릿지와 로어 맨해튼의 전망을 즐길 수 있는 스태튼 아일랜드 페리 덕분에 섬 전체를 구경하지 않더라도 한 번쯤은 들르게 되는 곳이다. 섬 북쪽에는 주로 맨해튼으로 출퇴근하는 중산층 거주지가 형성돼 있고, 중심부에는 일곱 개의 공원으로 이루어진 넓은 그린벨트가, 남쪽 해변으로는 4km에 달하는 산책로가 있다. 한정된 일정의 여행객들은 보통 섬에 들렀다가 바로 다음 배를 타고 떠나는 편이기 때문에, 섬 안에서 한 번쯤은 들러봐도 좋을 만한 곳만 골라 보았다.

교통수단

레일웨이 SIR

페리를 타고 도착하는 세인트 조지 터미널에서 바로 기차역으로 이어지며, 뉴욕 메트로카드를 이용해 탑승할 수 있다. 스태튼 아일랜드의 남쪽 끝까지 지나는 하나의 노선으로 되어 있고, 배차 간격은 대략 30분에 한 번 정도로, 자주 운행하지는 않는다. 스태튼 아일랜드 지역의 버스로 무료 환승이 가능하다.

버스

스태튼 아일랜드는 지하철 노선이 한 개인 대신 버스로 촘촘히 연결돼 있다. 세인트 조지 페리 터미널 한쪽 끝이 버스 플랫폼으로 이어져 있으며, 플랫폼 입구에 대략적인 행선지가 안내돼 있다. 탑승 안내 표지판에 버스의 번호와 노선이 지도에 표시돼 있기 때문에 미리 확인하고 탑승하자. 맨해튼과 마찬가지로 뉴욕 메트로카드를 이용해 탑승할 수 있다. 스태튼 아일랜드 내에서 버스와 버스, 지하철과 버스 간 환승이 가능하며, 혹시 동전으로 버스 요금을 낼 경우 버스 기사로부터 환승용 티켓을 받을 수도 있다.
버스 스케줄 : New.mta.info/schedules/bus/si

한적한 식물원과 전시관
스너그 하버 문화 센터 & 식물원 Snug Harbor cultural center & Botanical garden
[스너그 하버 컬처센터 앤 보태니컬 가든]

주소 1000 Richmond Terrace, Staten Island **위치** 세인트 조지 페리 터미널에서 S40번 버스로 20분 **시간** 9:00~17:00 **요금** $5(중국 학자 정원), $5(미술관), $8(콤보) **홈페이지** snug-harbor.org **전화** 718-425-3504

20여 개의 건물과 14개의 식물원, 넓은 공공 농장과 공원으로 이루어진 넓은 문화 공간이다. 스태튼 아일랜드 지역 주민들의 복지를 위해 각종 교육 행사를 진행하기도 하고, 공연이나 전시도 꾸준히 진행한다. 한 달에 한 번 토요일에는 패스PASS라 불리는 토요 공연 살롱을 통해 독창적인 공연 예술 작품을 개발하고 선보이며, 뉴하우스에서는 신진 아티스트의 전시가 열린다. 스태튼 아일랜드 박물관에서는 이곳의 역사를, 습지를 포함한 넓은 식물원에는 중국 학자 정원도 조성돼 있고 연말에는 조명 행사를 하기도 한다.

야구를 보며 강 건너 맨해튼 전경까지 덤인 곳
리치먼드 뱅크 볼파크 Richmond County Bank ballpark [리치먼드 컨트리 뱅크 볼파크]

주소 75 Richmond Terrace, Staten Island **위치** ①세인트 조지 페리 터미널에서 도보 11분 ②S44 버스로 3분 **홈페이지** siyanks.com **전화** 718-720-9265

마이너리그인 스태튼 아일랜드 양키스의 홈구장으로, 6월부터 시즌이 시작되는 쇼트 시즌 팀의 경기를 볼 수 있다. 대부분 스무 살 미만의 청소년 선수들이 뛰고 있지만, 미래의 스타 플레이어가 될지 모르는 선수를 미리 만나 볼 수 있다는 재미가 있어 일부러 경기장을 찾는 사람도 많다. 더불어 구장에 앉아 강 건너로 멀리 보이는 뉴욕 도심의 스카이라인도 즐길 수 있다는 것이 큰 매력 포인트 중 하나다. 일정에 여유가 있는 야구 팬이라면 한 번 들러 볼 만하다.

작은 동네의 아메리칸 레스토랑
카르고 카페 Cargo café [카르고 카페]

주소 120 Bay St, Staten Island 위치 ①세인트 조지 페리 터미널에서 도보 11분 ②S51, S78 버스로 4분 시간 12:00~다음 날 2:00(일~목), 12:00~다음 날 4:00(금~토) 가격 $8(치즈버거), $11~(비비큐 립), $28(마늘 스테이크) 홈페이지 cargocafe.nyc 전화 718-273-7770

이곳에서 20년 넘게 자리를 지켜 온 레스토랑 겸 바 카페로, 밤에는 라이브 공연도 열리곤 하는 곳이다. 세인트 조지 페리 터미널에서 두 블록 정도로 가까이 위치하고 있기 때문에 페리를 타고 들어왔다가 잠깐 스태튼 아일랜드를 걸어 구경한 뒤 들러 보기 좋다. 샐러드, 버거, 윙, 스테이크류로 미국식 메뉴가 갖춰져 있고, 디저트로 케이크도 즐길 수 있다. 맨해튼보다 비교적 물가가 저렴한 편이고, 음료도 맛있어 여유로운 스태튼 아일랜드 여행 일정을 마무리하기에 좋은 곳이다.

나들이 나온 현지인들의 맥주 창고
플래그십 양조장 The Flagship Brewing company [더 플래그십 브루잉 컴퍼니]

주소 40 Minthorne St, Staten Island 위치 세인트조지 페리터미널에서 도보 15분, S51, S78 버스로 6분 시간 바: 14:00~22:00(화~수), 12:00~24:00(목~토), 12:00~20:00(일)/ 양조장 투어(토): 14:30, 16:00 가격 $6~8(맥주), $5(토요일 투어, 테이팅 포함) 홈페이지 flagshipbrewery.nyc 전화 718-448-5284

APA, IPA, 에일, 라거 등 8개의 맥주를 제공하는 양조장으로, 널찍하고 자유로운 분위기의 내부에서 다양한 맥주를 맛볼 수 있다. 세인트 조지 페리 터미널에서 멀지 않아 방문하기 어렵지 않다. 매주 토요일 2시 30분과 4시에 맥주 테이스팅을 포함한 양조장 투어를 $5에 진행하고 있으며, 미리 예약해야 한다. 여행객보다는 현지인이 많이 찾는 곳으로, 스태튼 아일랜드와 뉴욕의 분위기를 느낄 수 있다.

퀸 스
Queens

뉴욕에서 가장 넓은 면적을 가진 자치구이자 가장 다양한 민족이 살고 있는 곳으로, 거주민 대다수가 이민자로 구성돼 있다. 1900년대에 형성된 코리아타운에서는 오래된 한국의 모습도 느껴 볼 수 있다. 라과디아 공항과 존에프케네디JFK 공항이 이곳에 있어 여행객들이 꼭 한 번은 거쳐가지만, 대부분 관광 명소보다는 주거 지역으로 이루어져 있어서 일정이 한정적인 여행객이 많이 찾는 지역은 아니다. 그 중 한 번쯤은 들러 봐도 좋을 만한 곳을 골라 보았다.

Best Course

7호선 Vernon Blvd-Jackson Av역

도보 1분

⬇

카사 엔리끄

도보 10분

모마 PS1

우버 또는 택시 10분

⬇

노구치 뮤지엄

도미노파크
Domino Park

셸터
Shelter

맥카렌호텔&풀
McCarren Hotel & Pool

버슨 앤 레이놀즈
Burson and Reynolds

머스 빈티지
Mirth Vintage

스모가스버그
Smorgasburg

까사 엔리끄
Casa Enrique

모마 PS1
MoMA PS1

노구치
The noguchi Museum

Brooklyn Island Bridge

Vernon Blvd

21st Ave

36th Ave

31st Ave

30st Ave

Steinway St

Main Ave

Queens Plaza

Northern Blvd

뮤지엄 오브 더 무빙 이미지
Museum of the moving image

Major World

Grand St.

Greenpoint Ave

58th Rd

Queens Blvd

Flushing Ave

Grand Central Pkwy

Hazen St

Brooklyn Queens Expy E

Astoria Blvd

30st Ave

31st Ave

32st Ave

34th Ave

23rd Ave

94th St

Grand Central Pkwy

Broadway

Roosevelt Ave

Queens Center

New York Hall Of Science

Queens Blvd

108th St

Jewel Ave

Grand Central Pkwy

시티 필드
Citi Field

흥미로운 영상 뮤지엄
뮤지엄 오브 더 무빙 이미지 Museum of the moving image [뮤지엄 오브 더 무빙 이미지]

주소 36-01 35th Ave, Astoria 위치 지하철 E, M, R호선 Steinway Street역에서 도보 5분 시간 10:30~17:00(수~목), 10:30~20:00(금), 10:30~18:00(토~일) 휴무 월, 화요일(단체 예약과 지정 휴일 제외) 요금 $15(18세 이상 성인), $11(65세 이상과 18세 이상 학생증 소지자), $9(3~17세), 무료(3세 이사) *금요일 16:00~20:00 무료입장 홈페이지 movingimage.us 전화 718-777-6800

영화나 텔레비전 등 각종 영상이나 연극, 애니메이션 등을 다루고 있는 뮤지엄으로, 1900년대 시네마부터 2000년대 디지털 미디어의 제작 과정이 담긴 10만 개 이상의 자료들이 전시돼 있다. 고전 영화에 사용된 분장 소품이나 촬영 세트, 오래된 카메라나 영사기들도 볼 수 있고, 고전 게임을 즐길 수 있는 오락기가 모여 있는 전시관도 있어 꽤 재미있는 곳이다. 또 매년 400편 이상의 영화를 사영하기도 하며, '세서미 스트리트'와 개구리 '커밋'으로 유명한 짐 헨슨의 전시도 볼 수 있어 가 볼 만하다.

뉴욕 현대 미술관의 분관
모마 PS1 MoMA PS1 [모마PS1]

주소 22-25 Jackson Ave, Long Island city 위치 ①지하철 7호선 Court Square역에서 도보 3분 ②지하철 G호선 21 Street-Van Last역에서 도보 2분 ③지하철 E, M호선 Court Square-23 St역에서 도보 4분 시간 12:00~18:00 휴무 화, 수요일 요금 $10(어른), $5(학생), *2주 내의 모마 입장권으로 무료입장 홈페이지 momaps1.org 전화 718-784-2084

설치 미술이나 미디어 아트 등 실험적인 현대 미술을 주로 다루는 미술관으로, 원래는 P.S.1 현대 미술 센터였으나 2000년부터 뉴욕 현대 미술관MoMA에 속하게 되어 모마 PS1이 됐다. 폐교를 개조해 만든 공간으로, 계단과 길다란 복도를 따라 전시 공간이 나누어져 있어 더 매력적이다. 신인 아티스트를 소개하는 기획전 또는 아트 북 페어 같은 행사들도 종종 열리고 있어, 다른 곳에서 볼 수 없는 현대 미술 작품들을 볼 수 있다. 모마 입장권이 있으면 입장권에 찍힌 날짜로부터 14일 이내에 입장이 가능하다(금요일 무료 입장권으로도 가능).

 미쉐린 1스타 멕시칸 레스토랑
카사 엔리끄 Casa Enrique [까사 엔리끄]

주소 5-48 49th Ave, Long Island City 위치 지하철 7호선 Verrnon Blvd-Jackson Ave역에서 도보 1분
시간 17:00~23:00/ 브런치(토, 일): 11:00~15:30 가격 $10(과카몰레), $10(타코 2개), $18(엔칠라다) 홈페이지
henrinyc.com 전화 347-448-6040

《미쉐린 가이드》에서 별 한 개를 받은 레스토랑으로, 멕시칸 레스토랑으로는 유일한 미쉐린 레스토랑이
기도 하다. 매장은 활기차고 캐주얼한 분위기로, 즉석에서 구워 주는 나초는 다른 곳에서 맛보던 것과 다
르다. 으깬 아보카도에 양파, 토마토, 할라피뇨 등을 넣어 만드는 과카몰레가 시그니처 메뉴며, 세 가지 우
유를 조합해 만드는 스폰지 케이크, 파스텔 트레스 레체스도 인기 메뉴다. 마르가리타와 모히토 등 음료도
맛있어 한 번쯤 방문해 볼 만하다.

세계적인 조각가 노구치의 뮤지엄
노구치 | The Noguchi Museum [더 노구치 뮤지엄]

주소 9-01 33rd Rd, Queens 위치 ①지하철 N,
W호선 Broadway역에서 도보 17분 ②NYC
페리 Astoria 터미널에서 도보 9분 시간 10:00~
17:00(화~금), 11:00~18:00(토~일) 휴관 월~화,
추수감사절, 12월 15일, 1월 1일 요금 $10(어른),
$5(학생, 65세 이상) 홈페이지 noguchi.org 전화
718-204-7088

현대 조각으로 유명한 세계적인 조각가 이사모 노
구치가 뉴욕에서 말년을 보내며 자동차 정비소를
개조해 만든 뮤지엄으로, 노구치가 아끼던 작품들
을 전시하고 있다. 말년에 만들었던 대형 돌 조각
은 물론, 대나무틀에 종이를 입혀 만든 일본풍 조
명들과 스케치 등을 볼 수 있다. 또 항상 작품과 더
불어 작품이 있는 공간을 구성하는 데 집중했던
작가의 성향이 돌조각과 나무들이 조화롭게 배치
된 정원이나 뮤지엄 곳곳에서 드러난다.

 메이저리그 뉴욕 메츠의 홈 구장
시티 필드 Citi Field [씨티 필드]

주소 41 Seaver Way Queens **위치** 지하철 7호선 Mets-Willets Point역에서 바로 **투어** 11:00(수, 금, 1시간 소요) **요금** $20(어른), $15(12세 이하) **홈페이지** newyork.mets.mlb.com **전화** 718-507-8499

뉴욕을 연고지로 1962년 창단한 메이저리그 뉴욕 메츠의 홈 구장이다. 근처에 퀸스 미술관과 퀸스 보태 니컬 가든도 있어 가족이 주말을 보내기에도 좋다. 케이팝 그룹 방탄소년단이 한국 가수 최초로 단독 스타 디움 공연을 했던 곳이기도 하며, 코리아타운이 형성돼 있는 플러싱과 가까워 한인들이 많이 찾는 구장이 기도 하다. 뉴욕 메츠는 서재응, 구대성, 박찬호 선수가 경기를 뛰었던 팀이며, 최근 데뷔 시즌에서 최다 홈 런을 기록한 슈퍼루키 피트 알론소 선수가 속해 있다.

· 맨해튼 한 걸음 더 ·

브롱크스
The Bronx

뉴욕의 자치구 중 가장 북쪽에 있는 지역으로, 오랜 시간 농경 지역으로 남아 있다가 19세기 말부터 거주자가 늘어나 다양한 민족이 모여 살기 시작했다. 힙합의 본고장이어서 유명한 힙합 클럽이나 라틴 재즈 바도 있지만, 지하철이 촘촘히 연결되지 않아 여행객들이 많이 찾지는 않는다. 맨해튼까지 일곱 개의 지하철과 기차 노선이 깔려 있지만, 버스나 우버, 택시로의 환승이 불가피한 곳도 있다. 그래도 비교적 가 볼 만한 곳을 골라 보았다.

Best Course

4호선 161 st-yankee stadium역

도보 1분

⬇

양키 스타디움 (구경 및 식사)

도보 8분

⬇

브롱크스 미술관

우버 또는 택시 20분

⬇

뉴욕 보태니컬 가든

양키 스타디움
Yankee Stadium

브롱크스 미술관
The Bronx Museum of the Arts

Salsa Con Fuego

Lehman College

Fordham University

뉴욕 보태니컬 가든
New York Botanical Garden

Bronx Blvd

Boston Rd

Ferry Point Park

NYC Health + Hospitals/Jacobi

E Gun Hill Rd

Hutchinson River Pkwy

St Raymond New Cemetery

SUNY Maritime College

펠럼 베이 공원
Pelham bay Park

세미스 피시박스
Sammy's Fish Box

Bruckner Expy

Cross Bronx Expy

Webster Ave

River Dr

메이저리그 뉴욕 양키스의 홈 구장
양키 스타디움 Yankee stadium [양키 스태디움]

주소 1 E 161 St, The Bronx 위치 지하철 B, D호선 161 Street-Yankee Stadium역에서 도보 1분 홈페이지 mlb.com/yankees/ballpark 전화 718-293-4300

'더 빅 볼 파크'라고도 불리는 구장으로, 월드 시리즈에서 최다 우승을 기록한 뉴욕 양키스의 홈 구장이다. 투어 프로그램에 참여하면 한 시간 정도 구장을 돌며, 월드 시리즈 챔피언 트로피와 선수들의 소장품, 기록물들도 볼 수 있다. 뉴욕 양키스의 레전드들의 비석이 있는 모뉴먼트 파크는 양키스의 팬들이 꼭 찾는 곳 중 하나다. 하드 록 카페나 타코 벨 등 먹거리도 많이 있으며, 특히 바로 앞 맥도날드에는 야구복을 입은 동상과 경기를 즐기는 사람들의 일러스트가 있어 스타디움의 분위기를 더한다.

아프리카, 아시아, 남미를 주로 다루는 현대 미술관
브롱크스 미술관 The Bronx Museum of the Arts [더 브롱스 뮤지엄 오브 더 아트]

주소 1040 Grand Concourse, The Bronx 위치 지하철 B, D호선 161 Street-Yankee Stadium역에서 도보 9분 시간 1:00~18:00(수~목, 토~일), 11:00~20:00(금) 휴관 월, 화, 추수감사절, 12월 25일, 1월 1일 요금 무료(12세 이하는 보호자 동반) 홈페이지 bronxmuseum.org 전화 718-681-6000

1971년 설립한 현대 미술관으로, 아프리카, 아시아 및 남미 아티스트들을 주로 소개하고 있다. 매년 36명의 신진 예술가를 선정하고 지원하는데, 역시 다양한 소수 민족 아티스트가 주 대상이 된다. 때문에 전시 역시 실험적이거나 흔하지 않은 작품들이 많으며, 설치 예술이나 미디어 아트도 자주 등장한다. 로비에서 볼 때는 규모가 작아 보이지만 안쪽으로 공간이 넓어 볼거리는 풍부한 편이다.

미국에서 제일 큰 식물원
뉴욕 보태니컬 가든 Newyork Botanical Garden [뉴욕 보태니컬 가든]

주소 2900 Southern Blvd, The Bronx 위치 ①그랜드 센트럴 터미널에서 Metro-North Harlem을 타고 Botanical Garden역 하차 ②지하철 B, D, 4호선 Bedford Park Blvd역에서 Bx26 버스로 환승 후 Garden's Mosholu에서 하차 시간 10:00~18:00/12월 24일: 15:00 마감/ 겨울 시즌: 10:00~17:00(1월 22일~2월 21일*2019년 기준) 휴원 월요일, 추수감사절, 12월 25일 요금 평일 어른 $20, 주말 $25 홈페이지 nybg.org 전화 718-817-8700

미국에서 가장 큰 규모의 식물원으로, 1백만 종 이상의 식물이 자라고 있다. 100명이 넘는 과학자가 다양한 종을 보호하고 있으며, 애니드 호프트 온실, 에버렛 어린이 어드벤처 정원, 록펠러 로즈 가든 등이 유명하다. 규모가 넓어 무료로 운행하는 트램을 타고 구경하는 것이 좋다. 정원이나 전시관에서는 식물뿐 아니라 예술 전시도 볼 수 있는데, 원예와 인문학을 연결하는 큐레이팅이 돋보인다. 웹사이트에는 지금 시즌에 어떤 것들이 특별히 예쁜지 소개하는 페이지도 있어, 방문 전 참고해 보는 것도 좋다.

©nycgo

Tip.
대표적인 겨울 이벤트

봄부터 가을까지는 넓은 야외 정원에 꽃과 각종 식물들이 많이 자라지만, 추운 겨울에는 비교적 볼거리가 줄어든다. 대신 거대 온실인 애니드 호프트 온실에서 큼지막한 행사를 해, 많은 사람들이 일부러 이 기간에 맞춰 방문하기도 한다. 정확한 일정은 홈페이지에서 미리 확인하는 것이 좋다.

- 11월부터 1월까지 200개에 달하는 뉴욕 랜드마크 모형들 사이로 모형 기차가 지나가는 홀리데이 트레인 쇼가 열린다. 각종 랜드마크는 나뭇가지, 열매 등으로 만들어진 것이라 더 보는 재미가 있다.
- 2월부터 4월까지는 싱가포르에서 영향을 받은 더 오차드 쇼가 열린다. 싱가포르 가든스 바이 더 베이에 있는 슈퍼트리를 연상시키는 조명 아래 난초들을 볼 수 있다.

 뉴요커들의 주말 나들이 장소
펠험 베이 공원 Pelham Bay Park [펠험 베이 파크]

주소 Watt Avenue &, Middletown Rd, The Bronx 위치 지하철 6호선 Pelhambay Park역에서 Bx29 버스로 환승 후 Orchard Beach Cir/City island에서 하차 **시간** 6:00~22:00 **홈페이지** nycgovparks.org **전화** 718-430-1891

골프장과 널찍한 공원이 함께 있는 곳으로, 브롱크스 끝 시티 아일랜드로 가는 길목에 있다. 공원에는 헌터 아일랜드나 트윈 아일랜드 같은 작은 섬들이 포함돼 있고, 해안가를 따라 산책로도 많아 뉴요커들이 주말 나들이를 하거나 낚시를 즐기기도 한다. 특히 동쪽 해안의 오차드 비치Orchard beach가 가장 인기 있으며, 아래쪽의 시티 아일랜드까지 해안가를 따라 이어지는 트레일 코스도 많이 찾는다. 시티섬 끝자락에 위치한 새미스 피시박스Sammy's fishbox는 1966년부터 이 자리를 지켜 온 레스토랑으로, 랍스터나 굴, 새우 등을 맛볼 수 있는 곳이다.

테 마 별

Best
Course

언제, 누구와 떠나든 모두를 만
족시킬 수 있는 테마별 코스를
제시했다. 자신의 여행 스타일
에 따라 코스를 골라 또는 조합
해서 따라 하기만 해도 만족과
편안함이 두 배가 될 것이다.

Best Course 1

처음 만난
뉴욕
3일

뉴욕을 처음 찾은 여행자를 위한 일정이다. 주요 관광지를 놓치지 않고, 최대한 많은 곳에 들러볼 수 있도록 구성했다. 일정에 여유가 있다면 '다시 만난 뉴욕' 플랜을 참고하는 것도 추천한다.

1일차	2일차	3일차
타임스 스퀘어 ➡ LOVE & HOPE 조각상 ➡ 할랄 가이즈 ➡ 뉴욕 현대 미술관 ➡ 톱 오브 더 록 ➡ 타임스 스퀘어	월 스트리트 ➡ 자유의 여신상 ➡ 스톤 스트리트 ➡ 세계 무역 센터 전망대 ➡ 첼시 마켓 ➡ 더 하이 라인 ➡ 베슬 ➡ 재즈 클럽	미국 자연사 박물관 or 메트로폴리탄 미술관 ➡ 센트럴 파크 ➡ 소호 ➡ 놀리타 ➡ 덤보 ➡ 브루클린 브릿지

Day 1

metro
7 **S**
N **Q** **R** **W**
Times Sq-42 St

→ 타임스스퀘어 (쇼핑)

도보 5분
→ LOVE & HOPE 조각상

도보 4분
→ 할랄 가이즈 (식사)

↓

도보 10분
타임스 스퀘어(식사)

← 도보 10분
톱 오브 더 록

← 도보 3분
뉴욕 현대 미술관

Tip. 도심 한복판에 있는 톱 오브 더 록 전망대는 낮과 밤 모두 놓치기 아쉽다. 일몰 1시간 전에 올라가서 두어 시간 여유롭게 시간을 보내고 내려오는 것을 추천한다.

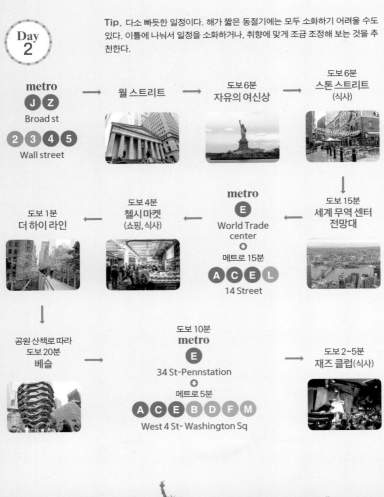

Tip. 다소 빠듯한 일정이다. 해가 짧은 동절기에는 모두 소화하기 어려울 수도 있다. 이틀에 나눠서 일정을 소화하거나, 취향에 맞게 조금 조정해 보는 것을 추천한다.

Day 2

metro
J **Z**
Broad st

2 **3** **4** **5**
Wall street

→ 월 스트리트 →

도보 6분
자유의 여신상 →

도보 6분
스톤 스트리트
(식사)

↓

도보 1분
더 하이 라인 ←

도보 4분
첼시마켓
(쇼핑, 식사) ←

metro
E
World Trade center

메트로 15분
A **C** **E** **L**
14 Street ←

도보 15분
세계 무역 센터
전망대

↓

공원 산책로 따라
도보 20분
베슬 →

도보 10분
metro
E
34 St-Pennstation

메트로 5분
A **C** **E** **B** **D** **F** **M**
West 4 St- Washington Sq

→ 도보 2~5분
재즈 클럽(식사)

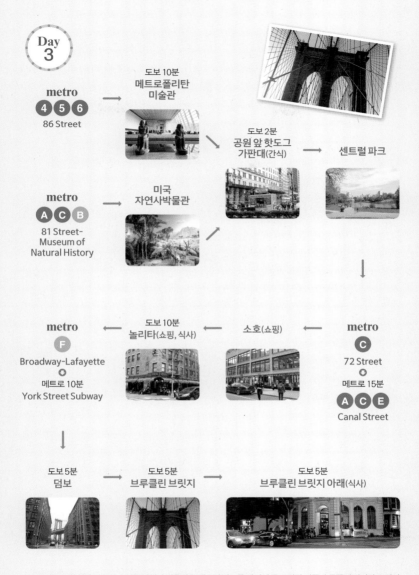

Day 3

metro **4 5 6**
86 Street

→ 도보 10분
메트로폴리탄
미술관

→ 도보 2분
공원 앞 핫도그
가판대(간식)

→ 센트럴 파크

metro **A C B**
81 Street-
Museum of
Natural History

→ 미국
자연사박물관

metro **F**
Broadway-Lafayette
ⓧ
메트로 10분
York Street Subway

← 도보 10분
놀리타(쇼핑, 식사)

← 소호(쇼핑)

← metro **C**
72 Street
ⓧ
메트로 15분
A C E
Canal Street

도보 5분
덤보

→ 도보 5분
브루클린 브릿지

→ 도보 5분
브루클린 브릿지 아래(식사)

Tip. 메트로폴리탄 미술관과 미국 자연사 박물관은 센트럴 파크를 사이에 두고 각각 서쪽과 동쪽에 자리하고 있어 마음만 먹으면 두 곳 모두 방문할 수 있지만, 넓은 규모의 두 박물관을 하루 만에 모두 보는 것은 쉽지 않다. 선택과 집중이 필요하다.

다시 만난 뉴욕 3일

이미 뉴욕을 한 번 찾았던 여행자를 위한 일정이다. 뉴욕의 구석구석을 둘러보며 색다른 매력을 찾아볼 수 있도록 구성했다. 알고 보면 주요 관광지에서 한두 블록 거리, 조금씩 뉴욕에 대해 알아가는 재미를 느껴 보자.

1일차

브라이언트 공원 ➡ 뉴욕 공립 도서관 ➡ 그랜드센트럴역 ➡ 루즈벨트 아일랜드 ➡ 미드타운 루프톱 바

2일차

할렘 맬컴X대로 ➡ 아폴로 극장 ➡ 세인트 존 더 디바인 성당 ➡ 컬럼비아 대학교 ➡ 어퍼 웨스트 사이드 ➡ 센트럴 파크 ➡ 브로드웨이 뮤지컬 ➡ 타임스 스퀘어

3일차

로어 이스트 사이드 ➡ 노호 ➡ 소호 ➡ 리틀 이태리 ➡ 윌리엄스버그

Day 1

metro
B D F M
42 St-Bryant Park

7
5 Avenue-Bryant Park

→ 브라이언트 공원  →

도보 1분
뉴욕 공립 도서관

↓

도보 3분
루즈벨트 아일랜드
트램웨이

←

metro
4 5 6
Grand Central-42 St
⊕
메트로 3분
59 St- Lexington Av

←

도보 5분
그랜드센트럴역(식사)

↓

트램 10분
루즈벨트 아일랜드(식사)

metro
F
Roosevelt Island Subway
⊕
메트로 12분
34 St-Herald Sq Subway

→

도보 5분
미드타운 루프톱 바

Day 2

metro
2 **3**
125 Street

→

할렘 맬컴X대로
(식사)

→

도보 7분
아폴로 극장

→

metro
B **C**
125 St. Subway
⊕
메트로 3분
110 St-Cathedral Pkwy

어퍼웨스트
사이드
(식사)

←

metro
1
16 Street-Columbia
University
⊕
메트로 9분
72 Street-Broadway

←

도보 5분
컬럼비아
대학교

←

도보 9분
세인트 존 더
디바인 성당

↓

도보 6분
센트럴파크

→

metro
1 **2** **C**
59 St-Columbus Circle
⊕
메트로 2분
C
50 Street Subway
1 **2**
50 St Broadway

→

브로드웨이
뮤지컬

→

도보 3분
타임스 스퀘어
(식사)

Day
3

metro
F M J Z
Delancey St-
Essex St

→ 로어 이스트
사이드
(식사, 카페)

→ 도보 10분
노호(쇼핑)

→ 도보 10분
소호(쇼핑, 카페)

도보 5~10분
윌리엄스버그(쇼핑,식사)

← **metro**
J Z
Bowery
➕
메트로 9분
M J Z
Marcy Avenue

← 도보 10분
리틀 이태리(식사)

317

Best Course 3

인생사진을
위한 뉴욕
3일

수많은 랜드마크, 찬란한 햇살, 컬러풀한 시티 뉴욕에서 특별히 인생 사진을 건질 수 있는 명소들로 구성했다. 주요 관광지는 물론 아직 덜 알려진 곳도 방문해 볼 수 있는 일정이다.

1일차	2일차	3일차
타임스스퀘어 ➡ 브라이언트 공원 ➡ 뉴욕 공립 도서관 ➡ 그랜드센트럴역 ➡ 매디슨 스퀘어 공원 ➡ 이탈리 ➡ 덤보 ➡ 브루클린브릿지	스태튼 아일랜드 페리 터미널 ➡ 세인트 조지 페리 터미널 ➡ 스태튼 아일랜드 페리 터미널 ➡ 스톤 스트리트 ➡ 돌진하는 황소, 두려움 없는 소녀상 ➡ 소호 ➡ 놀리타 ➡ 노호 ➡ 윌리엄스버그 베드포드 애비뉴 ➡ 도미노 공원	미국 자연사 박물관 ➡ 어퍼 웨스트 사이드 ➡ 더 다코타 ➡ 센트럴 파크 ➡ 프릭 컬렉션 ➡ 매디슨 애비뉴 ➡ 5번가 ➡ 록펠러 센터 ➡ 톱 오브 더 록 ➡ 타임스 스퀘어

Day 1

metro
N R W
49 Street

→ 도보 1분
타임스 스퀘어
(Father Duffy
Square 빨간 계단)

→ 도보 10분
브라이언트 공원
(커피)

→ 도보 2분
뉴욕 공립 도서관

도보 6분
그랜드센트럴역
(외부와 내부)

metro
6
Grand Central-42St

메트로 4분
23 Street

← 도보 4분
매디슨 스퀘어 공원
(플랫아이언빌딩과
26번가)

← **이탈리**
(식사)

metro
F
23 Street

메트로 14분
York Street Subway

→ 도보 5분
덤보

→ 도보 5분
브루클린 브릿지

→ **브루클린 브릿지 밑
레스토랑**(식사)

Day 2

metro
1
South Ferry

→ 스태튼 아일랜드
페리 터미널

→ 페리 25분
(페리 위에서 자유의 여신상)
세인트 조지 페리 터미널

metro
J Z
Broad st
+
메트로 4분
Canal St

← 도보 4분
돌진하는 황소상,
두려움 없는 소녀상

← 도보 5분
스톤스트리트
(식사)

← 페리 25분
스태튼 아일랜드
페리 터미널

소호 → 놀리타 → 노호 →

metro
M
Broadway-
Lafayette st
+
메트로 10분
Marcy Avenue

도보 10분
도미노 공원

← 도보 10분
윌리엄스버그 베드포드애비뉴(식사)

Day 3

metro

81 Street-
Museum of
Natural History
→
미국
자연사 박물관
→
도보 10분
어퍼 웨스트
사이드(식사)
→
도보 10분
더 다코타

↓

도보 10분
5번가
←
도보 4분
매디슨 애비뉴
(카페, 쇼핑)
←
도보 10분
프릭 컬렉션
←
도보 10분
센트럴 파크
(베데스다 분수)

↓

도보 10분
록펠러 센터
→
톱 오브 더 록
→
도보 10분
타임스 스퀘어
(식사)

뉴요커의
휴일처럼 즐기는
3일

뉴욕을 여러 차례 방문하는 여행자를 위한 일정이다. 뉴욕의 주요 관광지는 이미 다 둘러보았기 때문에, 이번에는 여유 있게 뉴욕 라이프를 즐길 수 있도록 구성했다. 계절별로 다른 모습을 발견해 보는 것도 큰 매력 포인트다.

1일차

브루클린 뮤지엄 ➡ 브루클린 식물원 ➡ 웬디스 ➡ 루나 파크 ➡ 코니 아일랜드 해변 대로

2일차

그랜드 센트럴역 ➡ 디아비콘 ➡ 비콘 메인 스트리트

3일차

여름(5~10월) 거버너스 아일랜드 페리 ➡ 거버너스 아일랜드 ➡ 그리니치 빌리지 재즈 클럽

겨울(11~3월) 놀리타 & 리틀 이태리 ➡ 소호 & 노호 ➡ 브라이언 공원 윈터 빌리지 + 아이스 링크 ➡ 록펠러 센터

Day 1

metro
2 **3**
Eastern Parkway
Broolyn Museum

→ 브루클린
뮤지엄

→ 도보 3분
브루클린
식물원

→ 도보 15분
웬디스(식사)

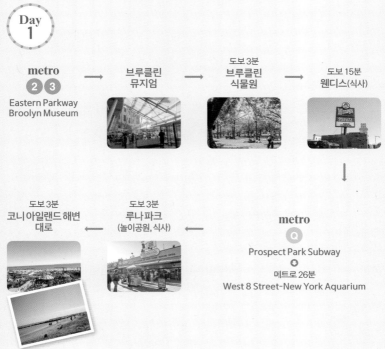

도보 3분
코니 아일랜드 해변
대로

← 도보 3분
루나 파크
(놀이공원, 식사)

←

metro
Q
Prospect Park Subway
⊕
메트로 26분
West 8 Street-New York Aquarium

Tip. 바닷가 옆 놀이공원 루나 파크는 4월부터 10월까지만 개장한다. 동절기에 뉴욕을 찾는 여행객이라면 브루클린 식물원 인근 파크 슬로프 또는 윌리엄스버그에서 시간을 보내는 것을 추천한다.

Day 2

metro
4 **5** **6**
7 **S**

Grand Central- 42St

→

그랜드 센트럴 터미널
(식사)

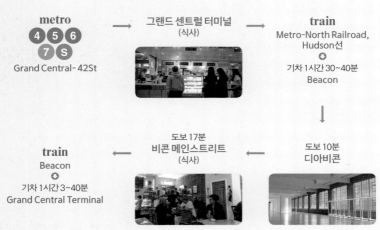

→

train
Metro-North Railroad,
Hudson선
○
기차 1시간 30~40분
Beacon

↓

train
Beacon
○
기차 1시간 3~40분
Grand Central Terminal

←

도보 17분
비콘 메인스트리트
(식사)

←

도보 10분
디아비콘

Tip. 그랜드 센트럴 터미널에는 뉴욕의 대표적인 디저트 가게, 매그놀리아 베이커리도 입점해 있다. 기차에서
먹을 간식으로 시그니처인 바나나푸딩을 구매해 가는 것도 좋다.

Day 3
여름(5~10월)

Tip. 거버너스 아일랜드는 5월부터 10월까지만 공공에 오픈되며, 페리 시간이 정해져 있으니 미리 스케줄을 체크해야 한다. 또 재즈 클럽의 공연은 인터넷으로 예약하고 방문하자.

metro

1
South Ferry
R W
Whitehall St

→

도보 1분
거버너스 아일랜드 페리
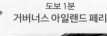

→

페리 5분
거버너스 아일랜드
(식사, 산책)

↓

그리니치 빌리지 재즈 클럽
(식사, 공연 관람)

←

페리 5분
metro
1
South Ferry
○
메트로 14분
Christopher St

Day 3
겨울(11~3월)

Tip. 브롱크스에 있는 뉴욕 보태니컬 가든의 홀리데이 트레인 쇼, 오차드 쇼도 겨울에만 볼 수 있는 것 중 하나다. 대중교통 이용은 조금 불편할 수 있지만 한 번쯤 가 볼 만하다.

metro
J Z
Bowery
4 6
Spring st

→

놀리타 &
리틀 이태리(식사)
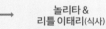

→

도보 10분
소호 & 노호(쇼핑)

↓

도보 10분
록펠러 센터
(야경)

←

브라이언트 공원
윈터 빌리지
(스케이트, 식사)

←

metro
B D F M
Broadway-Lafayette st
○
메트로 6분
42 St-Bryant Park

아이와 함께 하는 뉴욕
3일

아이가 있는 가족 여행자를 위한 일정이다. 빠듯하게 돌아다니기보다는 여유롭게 여행을 즐길 수 있도록, 하지만 주요 관광지는 놓치지 않도록 구성했다. 여행 전 식당은 미리 예약하는 것을 추천하며, 사람이 많은 대도시인 만큼 손을 꼭 잡고 다니도록 하자.

1일차

자유의 여신상 페리 선착장 ➡ 리버티섬 ➡ 앨리스섬 ➡ 배터리 공원 ➡ 타임스 스퀘어 ➡ 브로드웨이

2일차

노호 ➡ 소호 ➡ 컬리 팩토리 ➡ 첼시 마켓 ➡ 더 하이 라인

3일차

미국 자연사 박물관 ➡ 어퍼 웨스트 사이드 ➡ 센트럴 파크 ➡ 쿠퍼 휴잇 스미스소니언 디자인 박물관 ➡ 엠파이어 스테이트 빌딩 ➡ 코리아타운

Tip. 만약 여름이라면 고민하지 말고 당장 바다 옆 놀이공원 루나 파크로 떠나자!

Day 1

metro
1
South Ferry

R **W**
Whitehall St

→ 도보 10분
자유의 여신상 페리 선착장

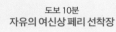

→ 리버티섬
(자유의 여신상, 간식)

↓

도보 3분
타임스 스퀘어
(식사, 쇼핑)

← 도보 10분
metro
1
South Ferry
⊕
메트로 17분
Times Sq-42 St Subway

← 배터리 공원

← 앨리스섬

↓

브로드웨이
(추천 뮤지컬: 라이온킹, 알라딘, 겨울왕국)

Tip. 자유의 여신상 페리는 현장 구매 시 줄이 정말 길다. 꼭 온라인으로 사전 예매하자. 자유의 여신상을 보고 돌아올 때에 앨리스섬은 원한다면 패스해도 상관없다.

Day 2

metro
6
Bleecker St/
Lafayette St

→ 도보 1분
노호(추천 매장:
Showfields)

→ 도보 10분
소호
(카페: Laduree Soho)

→ 도보 5분
컬러 팩토리

도보 3분
더 하이라인

← 도보 7분
첼시 마켓(식사)

← 도보 3분
metro
A E
Spring st
➕
메트로 4분
14 Street

Day 3

Tip. 하루에 두 개의 뮤지엄을 둘러보는 것은 쉬운 일이 아니다. 아이의 컨디션에 따라 일정을 조율하자.

metro
B C
81 Street-
Museum of
Natural History

→ 미국
자연사 박물관

→ 도보 10분
어퍼 웨스트 사이
드(식사)

→ 도보 15분
센트럴 파크

도보 15분
쿠퍼휴잇스미스
소니언디자인박물관

코리아타운(식사)

← 도보 1분
엠파이어 스테이트
빌딩

← 도보 1분
bus
M4번 버스 5 Av
/E 90 st
➕
버스 30분
5Av/W 34st

Best Course 6

문화의 도시,
뉴욕의 미술관 투어
4일

세계적인 박물관과 미술관이 있는 뉴욕! 전시 구경이 취미인 미술관 마니아를 위한 일정이다.
전시를 보면서도 뉴욕의 주요 명소를 놓치지 않도록 구성했다. 다만, 방문 전 휴관일과 현재의
전시 일정은 꼭 미리 체크하자.

1일차

뉴욕 현대 미술관 ➡ 할랄 가이즈 ➡ 뉴욕 공립 도서
관 ➡ 브라이언트 공원 ➡ 더 모건 라이브러리 & 뮤지
엄 ➡ 엠파이어 스테이트 빌딩

2일차

미국 자연사 박물관 ➡ 첼시 마켓 ➡ 휘트니 미술관
➡ 더 하이 라인 ➡ 베슬 ➡ 허드슨야든 쇼핑몰

3일차

솔로몬 R. 구겐하임 미술관 ➡ 어퍼 이스트 사이드
➡ 메트로폴리탄 미술관 ➡ 센트럴 파크 벨비디어성
➡ 베데스다 분수 ➡ 타임스 스퀘어

4일차

로어 이스트 사이드 ➡ 뉴 뮤지엄 ➡ 모마 PS1 ➡ 루즈
벨트 아일랜드

329

Day 1

metro
E M
5 Avenue/53St

→ 도보 4분
뉴욕 현대 미술관
(모마)

→ 도보 2분
할랄 가이즈(식사)

→ 도보 3분
metro
F
57 Street
+
메트로 3분
42 St-Bryant Park

↓

도보 5분
엠파이어 스테이트
빌딩

← 도보 6분
더 모건 라이브러리
& 뮤지엄

← 도보 1분
브라이언트 공원
(커피)

← 도보 4분
뉴욕 공립 도서관

Day 2

metro
B C
81 Street-
Museum of
Natural History

→ 미국
자연사 박물관

→ metro
C
81 Street-
Museum of
Natural History
+
메트로 11분
14 Street

→ 도보 4분
첼시 마켓(식사)

↓

허드슨야드 쇼핑몰
(식사)

← 공원을 따라
도보 25분
베슬

← 도보 1분
더 하이라인

← 도보 6분
휘트니 미술관

Day 3

Tip. 노이에 갤러리, 프릭 컬렉션 등 뮤지엄 마일의 다른 미술관도 굉장히 멋있어서 방문해 볼 만하다.

metro ④ ⑤ ⑥
86 Street

→ 도보 10분
솔로몬 R.
구겐하임 미술관

→ 도보 3분
어퍼이스트사이드
(식사)

→ 도보 5분
메트로폴리탄
미술관

↓

도보 7분
센트럴파크
벨비디어성

← 도보 10분
베데스다 분수

← 가로수길 더 몰을 따라
도보 15분
metro Ⓝ Ⓡ Ⓦ

5 Avenue
⬇
메트로 5분
49 Street

← 타임스 스퀘어
(식사)

Day 4

metro

2 Avenue

→

도보 2~5분
로어 이스트 사이드(브런치)

→

도보 5~10분
뉴 뮤지엄

↓

우버 10~15분
루즈벨트 아일랜드(식사)

←

도보 4분
모마 PS1

←

도보 7분
metro

Spring St

○

메트로 10분

Grand Central-42 St

○

메트로 7분
Court Square

Tip. Pay what you wish (원하는 만큼만 내세요!)
뉴욕의 뮤지엄 입장료는 대부분 $20~25 정도로 저렴하지는 않다. 하지만 대신 무료입장 또는 기부 입장이 가능한 때가 있다. 정해진 시간 동안 무료로, 또는 자신이 원하는 만큼만 내고 입장하면 된다. 보통 $2~5을 권장하고 있으며, 일정만 맞다면 여행 경비를 절감할 수 있는 절호의 찬스다.

★ 대표적인 뮤지엄의 무료 또는 기부 입장 시간 ★

상시	미국 자연사 박물관 American museum of Natural History	10AM~5:45PM	기부입장
	브롱크스 미술관 The Bronx Museum of the Arts	수~일 11AM~6PM	무료입장
화요일	9/11 기념비 앤 박물관 9/11 Memorial & Museum	5~8PM	무료입장
수요일	프릭 컬렉션 The frick collection	2~6PM	기부입장
목요일	뮤지엄 오브 아트 앤 디자인 Museum of Arts and design	6~9PM	기부입장
	뉴 뮤지엄 Newmuseum	7~9PM	기부입장
금요일	뉴욕 현대 미술관 MoMA	금 5:30~9PM	무료입장
	모건 라이브러리 앤 뮤지엄 The morgan library & Museum	7~9PM	무료입장
	휘트니 뮤지엄 Whitney Museum of American art	7~10PM	기부입장
	뮤지엄 오브 더 무빙 이미지 Museum of the moving image	4~8PM	무료입장
	프릭 컬렉션 The frick collection	첫째주 금요일 6~9PM	무료입장
	노이에 갤러리 Neue galerie	첫째주 금요일 6~9PM	무료입장
	노구치 The Noguchi museum	첫째주 금요일	무료입장
토요일	솔로몬 R. 구겐하임 미술관 Solomon R. Guggenheim museum	5~8PM	기부입장
	쿠퍼 휴잇 스미스소니언 디자인 박물관 Cooper Hewitt smithsonian design museum	6~9PM	기부입장
	브루클린 뮤지엄 Brooklyn Museum	매월 첫째 주 토요일 5~11PM	무료입장

Best Course 7

스포츠 마니아를
위한 투어
4일

뉴욕 여행 중 한 번쯤은 스포츠 경기를 보고 싶을 스포츠 마니아를 위한 일정이다. 뉴욕에 연고지를 두고 있는 스포츠 팀의 홈구장을 중심으로, 근처의 관광지도 구경할 수 있도록 구성했다. MLB, NBA 시즌에 방문한다면 일정에 맞춰 직관의 기회를 얻을 수 있고, 경기가 없다면 스타디움 투어를 신청해 보는 것도 좋다.

1일차

타임스 스퀘어 ➡ 센트럴 파크 ➡ 센트럴 파크 노스 ➡ 할렘 125번가 ➡ 양키 스타디움

2일차

세계 무역 센터 전망대 ➡ 브룩필드 플레이스 ➡ 월 스트리트 ➡ 배터리 공원 ➡ 자유의 여신상 페리 ➡ 자유의 여신상 ➡ 배터리 공원 ➡ 스태튼 아일랜드 페리 ➡ 세인트 조지 페리 터미널 ➡ 리치몬드 뱅크 볼파크 ➡ 스태튼 아일랜드 ➡ 세인트 조지 페리 터미널 ➡ 맨해튼

3일차

소호 ➡ 노호 ➡ 플랫아이언 빌딩 ➡ 매디슨 스퀘어 공원 ➡ 매디슨 스퀘어 가든 ➡ 타임스 스퀘어

4일차

뮤지엄 오브 더 무빙 이미지 ➡ 퀸스 미술관 ➡ 시티 필드

Day 1

Tip. 경기가 없는 날은 타임스 스퀘어에서 양키 스타디움으로 바로 가서 스타디움 투어를 하고, 할렘으로 돌아와 재즈 클럽이나 라이브 공연을 하는 레스토랑에서 여유로운 저녁을 보내는 것도 좋다.

metro
7 S N Q R W
Times Sq-42 St

→

타임스스퀘어
(식사, 쇼핑)

→

metro
C
42 St-Port Authority
✛
메트로 8분
96 Street

↓

도보 10분
할렘 125번가(식사)

←

도보 20분
센트럴파크 노스

←

센트럴파크

↓

metro
2
125 Street
✛
메트로 5분

4
149 St-Grand Concourse
✛
메트로 3분
161 St-Yankee Stadium

→

도보 1분
양키 스타디움

metro
E
World Trade Center
R W
Cortlandt Street

도보 5분
세계 무역 센터 전
망대

도보 2분
브룩필드
플레이스(식사)

도보 10분
월 스트리트

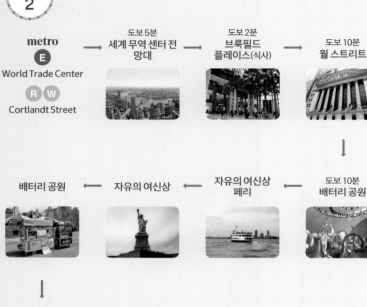

배터리 공원

자유의 여신상

자유의 여신상
페리

도보 10분
배터리 공원

도보 3분
스태튼 아일랜드
페리 터미널

페리 20분
세인트 조지
페리 터미널

도보 10분
리치몬드 뱅크
볼파크

스태튼 아일랜드
(식사)

페리 20분
맨해튼

세인트 조지
페리 터미널

Tip. 6월부터 9월까지 대부분의 경기가 매일 오후 7시에 있지만, 오전11시나 낮1시에 시작하는 경우도 있고 경기가 없는 날도 있으니 경기 일정을 미리 체크하자.

Day 3

Tip. 대부분의 농구 경기는 오후 7시경 시작되지만, 주말에는 낮 1시에 시작하기도 한다. 일정을 미리 체크하고 좌석을 예매해 두자.

metro
N Q R W
Canal Street

→ 도보 3분
소호(쇼핑)

→ 도보 10분
노호(식사, 쇼핑)

→ **metro**
6
Bleecker St/
Lafayette St
●
메트로 5분
23 Street

↓

도보 10분
타임스스퀘어
(식사)

← 도보 13분
매디슨 스퀘어
가든

← 매디슨 스퀘어
공원(식사)

← 도보 4분
플랫아이언 빌딩

Day 4

metro
E F R
Steinway Street

→ 도보 6분
뮤지엄 오브 더
무빙 이미지

→ **metro**
E F R
Steinway Street
●
메트로 5분
7
Roosevelt Av-Jackson Heights Subway
●
메트로 8분
Mets-Willets

도보 12분
시티 필드
(식사, 경기 관람)

← 도보 13분
퀸스 미술관

↙

Tip. 시티 필드 구장의 스타디움 투어는 수요일과 금요일 오전 11시에 진행된다.

알뜰살뜰
꽉 찬 뉴욕
3일

물가가 사악하기로 악명 높은 뉴욕이지만, 계획만 잘 짠다면 알뜰한 여행이 가능하다. 특히 여행자 패스를 활용하면 경비를 많이 아낄 수 있다. 대표적인 할인 패스인 빅 애플 패스를 기준으로 일정을 구성했다.

1일차	2일차	3일차
타임스 스퀘어 ➡ 타미스 오피스 (패스 수령) ➡ 아폴로 극장 ➡ 할렘 125번가 ➡ 메트로폴리탄 미술관 ➡ 센트럴 파크 ➡ 업타운 버스 ➡ 타임스 스퀘어	스태튼 아일랜드 페리 ➡ 세인트 조지 페리 터미널 ➡ 스태튼 아일랜드 페리 터미널 ➡ 월 스트리트 ➡ 브룩필드 플레이스 ➡ 세계 무역 센터 전망대 ➡ 9/11 기념비 앤 박물관 ➡ 첼시 마켓 ➡ 더 하이 라인 ➡ 베슬	유니온 스퀘어 공원 ➡ 워싱턴 스퀘어 공원 ➡ 소호 & 노호 ➡ 놀리타 & 리틀 이태리 ➡ 뉴욕 현대 미술관 ➡ 할랄 가이즈 ➡ 톱 오브 더 록

Tip. 여름엔 일몰 시간이 저녁 8시 정도지만, 겨울엔 오후 4시 30분쯤 해가 진다. 동절기에 여행한다면 일정을 조금씩 조정해야 한다.

Day 1

metro
N R W
49 Street

→ 타임스 스퀘어

→ 타미스 오피스
(빅 애플 패스 수령)

↓

할렘 125번가
(식사)

← 아폴로 극장

← 도보 5분
top view bus
Stop3 7th Ave btwn
50th St & 51st St
⊕
버스 30~40분
Stop23 125th St

↓

top view bus
Stop23 125th St
⊕
버스 20~30분
Stop26 Metropolitan
Museum of Art

→ 메트로폴리탄
미술관

→ 센트럴 파크

도보 3분
top view bus
Stop1 8 46th st btwn
7th ave &
8th ave off of 8th ave

← 타임스 스퀘어(식사)

← **top view bus**
Stop27 Central Park zoo
⊕
버스 20분
Stop16 Port Authority

↓

버스 1시간 45분
타임스 스퀘어

Tip.
탑 뷰 버스 루트 topviewnyc.com/nycguide
업타운 버스 시간 오전 9시~오후 5시
나이트 투어 버스 시간 오후 7시~오후 11시
타미스 오피스 주소 151 West 46th Street,
Newyork

Day 2

Tip. 탑뷰 버스 24시간권은 첫 탑승으로부터 24시간 동안 유효하므로, 첫날 버스 탑승 후 24시간 이내에 둘째 날 일정을 시작하자.

top view bus
Stop12 Battery Park

→

도보 7분
스태튼 아일랜드 페리
터미널

→

페리 20분
(페리에서 자유의 여신상)
세인트 조지 페리 터미널

↓

도보 10분
브룩필드 플레이스(식사)

←

도보 10분
월 스트리트

←

페리 20분
스태튼 아일랜드 페리
터미널

↓

도보 2분
세계 무역 센터 전망대

→

도보 2분
9/11 기념비 앤 박물관

→

도보 10분
metro
2 **3**
Park Place
●
메트로 6분
14 Street

↓

도보 20분
베슬

←

더 하이 라인

←

도보 10분
첼시 마켓(식사)

Day 3

metro
4 5 6 L
N Q R W
14 Street-Union Sq

→ 유니온 스퀘어 공원

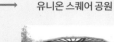

→ 도보 8분
워싱턴 스퀘어 공원(카페)

metro
F M
Broadway-Lafayette St
⊕
메트로 12분
57 Street

← 도보 10분
놀리타 & 리틀이태티(식사)

← 도보 7분
소호 & 노호(쇼핑)

도보 4분
뉴욕 현대 미술관

→ 도보 2분
할랄 가이즈(식사)

→ 도보 4분
톱 오브 더 록

Tip.

- 월, 수, 금, 토에 문을 여는 유니온 스퀘어 그린마켓, 연말에 열리는 유니온 스퀘어 홀리데이 마켓을 구경할 수 있다면 좋은 일정이다.
- 일몰 시간에 맞춰, 전망대에 올라갔다 온 뒤에 저녁 식사를 해도 괜찮다.

3일간 입장 및 탑승 요금

탑뷰 버스 투어 24시간권 $59	뉴욕 현대 미술관 $25
메트로폴리탄 미술관 $25	톱 오브 더 록 일몰 타임 $48
세계 무역 센터 전망대 $38	

개별 티켓팅 시 총 비용 $203
 # 빅 애플 패스 활용 시 빅5 $120($83 세이브)

🎫 뉴욕 익스플로러 패스 Newyork explorer pass

출처: www.attraction-passes.com/

대상 명소 엠파이어 스테이트 빌딩, 록펠러 전망대, 시티 버스, 자유의 여신상, 할렘 재즈 투어, 시티 워킹 투어 등 90여 곳 **요금** 3 Choice: $94(어른), $70(어린이)/ 5 Choice: $156(어른), $117(어린이)/ 10 Choice: $270(어른), $200(어린이) **홈페이지** www.gocity.com/new-york

90여 개의 관광 명소와 버스 및 워킹 투어 중 3개, 4개, 5개, 7개 또는 10개를 골라 사용할 수 있는 패스다. 유효 기간은 첫 사용으로부터 30일로 넉넉하며, 핸드폰에 전자 바우처를 저장해 두고 바코드를 스캔하는 형태로 사용할 수 있다.

🎫 뉴욕 관광 패스 The newyork sightseeing pass

출처: www.attraction-passes.com/

대상 명소 록펠러 전망대, 세계 무역 센터 전망대, 뉴욕 현대 미술관, 공항 셔틀, 시티 버스 투어, 시티 워킹 투어, 먹거리 가이드 투어, 백화점 및 레스토랑 할인 등 100여 곳 **요금** 3일: $201(어른), $142(어린이)/ 6일: $261(어른), $171(어린이)/ 플렉스 3: $95(어른), $60(어린이)/ 플렉스 7: $179(어른), $119(어린이) **홈페이지** www.sightseeingpass.com/new-york

기간(1~10일)을 설정하는 데이 패스와 방문지 개수(30일 동안 2~12개)를 정하는 플렉스 패스 중 여정에 맞는 패스를 선택할 수 있다. 90여 개의 주요 관광지에서 사용 가능하며, 데이 패스 이용 시에는 하루 $59의 다운타운 & 업타운 hop-on-hop-off 버스가 패스 유효 기간 동안 무료로 제공된다.

🎫 더 뉴욕 패스 The newyork pass

출처: www.newyorkpass.com/

대상 명소 엠파이어 스테이트 빌딩, 록펠러 전망대, 시티 버스, 뉴욕 현대 미술관, 자유의 여신상, 시티 워킹 투어, 백화점 및 레스토랑 할인 등 100여 곳 **요금** 3일: $199(어른), $154(어린이)/ 5일: $249(어른), $179(어린이)/ 10일: $329(어른), $219(어린이) **홈페이지** www.newyorkpass.com

1일, 2일, 3일, 4일, 5일, 7일, 또는 10일 중 하나를 선택하는 기간형 할인 패스다. 유효 기간 동안 100개가 넘는 관광 명소에서 사용할 수 있다. 하루에 서너 곳 이상 다녀야 본전이기 때문에 단 기간, 최대한 많은 곳을 둘러보고 싶은 부지런한 여행자에게 적합하다.

🎟️ 뉴욕 시티패스 Newyork citypass

대상 명소 엠파이어 스테이트 빌딩, 미국 자연사 박물관, 메트로폴리탄 미술관, 록펠러 전망대 or 솔로몬 R. 구겐하임 미술관, 자유의 여신상 or 서클라인 크루즈, 9/11기념비 앤 박물관 or 인트리피드 시, 에어 & 스페이스 뮤지엄 **요금** 시티패스(6곳): $132(어른), $104(어린이)/ C3(3곳): $84(어른), $64(어린이) **홈페이지** www.citypass.com

출처: www.tamice.com/tourticket

뉴욕의 대표적인 명소 9곳 중 6곳 또는 3곳을 선택해 사용할 수 있다. 개시일로부터 9일간 유효하며, 최대 44%의 경비를 절감할 수 있다. 6곳을 선택하는 시티패스의 경우 3곳은 필수 코스로 포함되기 때문에, 방문지 고민 없이 여행하고 싶은 뉴욕 첫 번째 방문자에게 적합하다.

🎟️ 빅 애플 패스 Big apple pass

대상 명소 엠파이어 스테이트 빌딩, 록펠러 전망대, 자유의 여신상 페리 및 크루즈, 뉴욕 현대 미술관, 솔로몬 R. 구겐하임 미술관, 메트로폴리탄 미술관, 더 라이드 투어 버스 등 32개 **요금** 빅3: $78(어른), $66(어린이)/ 빅5: $120(어른), $97(어린이)/ 빅7: $156(어른), $125(어린이) **홈페이지** www.tamice.com

뉴욕 인기 여행지 39곳 중 1~7개를 선택할 수 있다. 타미스 오피스에 방문해 원하는 명소의 패스를 수령하면 된다. 패스의 유효 기간은 6개월~1년 정도로 넉넉하고, 선택에 따라 최대 64%까지 할인받을 수 있다. 타미스 이용 고객에 한해 타임스 스퀘어 바로 옆 사무실에서 짐을 보관해 주기도 한다.

출처: www.tamice.com/tourticket

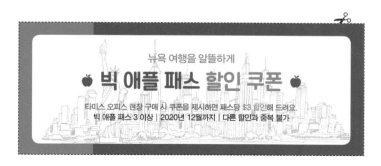

뉴욕 여행을 알뜰하게
🍎 **빅 애플 패스 할인 쿠폰** 🍎

타미스 오피스 현장 구매 시 쿠폰을 제시하면 패스당 $3 할인해 드려요.
빅 애플 패스 3 이상 | 2020년 12월까지 | 다른 할인과 중복 불가

부록

뉴욕 여행 회화

기본문장

안녕, 안녕하세요.	Hello, How are you?
안녕하세요.	Good morning / afternoon / evening.
반가워요.	Good to see you.
안녕~ (작별인사)	Bye
안녕히 가세요(계세요).	Have a good day / evening / night. = Have a good one.
잠시만요, (길을 묻거나 사람을 앞질러 가야할 때)	Excuse me,
감사합니다.	Thank you.
죄송합니다.	I'm sorry.
한 번만 다시 말씀해 주세요.	Could you say that again, please.
조금 천천히 말씀해 주세요.	Could you speak slower, please.
제가 영어를 잘 하지 못해요.	I can't speak English well.
행복한 여행 되세요.	Enjoy your trip!

공항 입국 심사

저는 한국에서 왔어요.	I'm from South Korea
얼마나 있을 겁니까?	How long will you stay here?
일주일 머물 예정입니다.	I'll be staying for 1 week. * 5일 – five days 2주 – two weeks
어떤 일 때문에 왔죠?	What is the purpose of your trip?
여행하러 왔어요.	for travel / for sightseeing / I'm on my vacation
숙소는 어디죠?	Where are you going to stay?
직업은 뭐예요?	What do you do?
저의 직업은 학생입니다.	My job is student. * 회사원 – salaried worker 프리랜서 – freelanced

길을 찾을 때

잠깐 도와주실 수 있나요?	Could you help me?
○○까지 어떻게 가야 하죠?	How can I get to ○○? * 한국대사관 – the Korean Embassy
이 근처에 화장실이 있나요?	Is there a restroom near here? * 유럽에서는 화장실을 toilet으로 표기하지만, 미국에서의 toilet은 화장실보다는 변기 자체에 조금 더 가까운 뉘앙스를 가진다. Restroom 또는 bathroom, washroom을 사용하는 것이 좋다.
길을 잃었어요.	I have lost my way.
이 버스를 타면 ○○로 가나요?	Is this bus heading to ○○?
여기가 ○○로 가는 길 맞나요?	Am I going the right direction for ○○?
몇 번 승강장에서 타야 하나요?	Which platform should I go to?
여기서부터 얼마나 걸리나요?	How long does it take from here?

레스토랑

예약하셨나요?	Do you have a reservation?
아니요, 혹시 지금 두 명이 식사할 수 있을까요?	No, we don't. Do you have room for two?
네, ○○ 이름으로 예약했어요.	Yes, I have a reservation for ○○
메뉴판 좀 주세요.	Can I see the menu, please?
조금만 더 있다가 주문할게요.	Give me a little more time.
추천 메뉴가 뭐예요?	What do you recommend?
이거 하나 주세요.	I'd like to have this.
콜라 있나요?	Do you have a coke?
테이크아웃할게요.	To go, please.
계산할게요.	Can I get the bill, please? = Can I get the check, please?
남은 음식은 싸주세요.	Can I have a to go box, please?

관광지

입장료가 얼마예요?	What's the admission?
이것도 포함돼 있는 건가요?	Is this included in the ticket?
입구가 어디에 있나요?	Where is the entrance?
사진 한 장만 찍어주실 수 있나요?	Could you take a picture for me? * 세로로 – vertical 가로로 – horizontal

쇼핑

그냥 둘러볼게요.	I'm just looking around.
이거 찾고 있어요.	I'm looking for this.
입어봐도 되나요?	Can I try this on?
다른 색도 있나요?	Do you have this in a different color?
더 작은 사이즈 있어요?	Is there a smaller one?
이건 얼마예요?	How much is this?
이걸로 할게요.	I'll take this.
카드 계산되나요?	Can I pay by credit card?
선물용으로 포장해 주세요.	Can you gift wrap it?

찾아보기

맨해튼

브루클린, 스태튼 아일랜드, 퀸스, 브롱크스

TRAVEL PACKING CHECKLIST

Item	Check
여권	■
항공권	■
여권 복사본	■
여권 사진	■
호텔 바우처	■
현금, 신용카드	■
여행자 보험	■
필기도구	■
세면도구	■
화장품	■
상비약	■
휴지, 물티슈	■
수건	■
카메라	■
전원 콘센트 · 변환 플러그	■
일회용 팩	■
주머니	■
우산	■
기타	■

MY TRAVEL PLAN

✈

Day 1

Day 2

Day 3

Day 4

Day 5

Day 6

Memo.